◆ 青少年成长寄语丛书 ◆

少壮努力,一生无憾

◎战晓书　编

吉林人民出版社

图书在版编目（CIP）数据

少壮努力，一生无憾 / 战晓书编 . -- 长春 : 吉林
人民出版社, 2012.7
（青少年成长寄语丛书）
ISBN 978-7-206-09137-7

Ⅰ . ①少… Ⅱ . ①战… Ⅲ . ①成功心理 – 青年读物②
成功心理 – 少年读物 Ⅳ . ①B848.4-49

中国版本图书馆 CIP 数据核字 (2012) 第 150818 号

少壮努力，一生无憾

SHAO ZHUANG NULI, YISHENG WU HAN

编　　者 : 战晓书
责任编辑 : 刘　学　　　　　　封面设计 : 七　洱
吉林人民出版社出版 发行 (长春市人民大街 7548 号　邮政编码 : 130022)
印　　刷 : 北京市一鑫印务有限公司
开　　本 : 670mm×950mm　　　1/16
印　　张 : 12.75　　　　　　　字　　数 : 150 千字
标准书号 : ISNB 978-7-206-09137-7
版　　次 : 2012 年 7 月第 1 版　　印　　次 : 2023 年 6 月第 3 次印刷
定　　价 : 45.00 元

如发现印装质量问题，影响阅读，请与出版社联系调换。

目 录
CONTENTS

目 录
CONTENTS

目 录
CONTENTS

目 录
CONTENTS

渐　　悟

　　顿悟是突然地觉悟，渐悟则是逐渐地觉悟。渐悟是潜移默化的。它是在每日每时每事的思虑中，渐次获得的一些收益。

　　渐悟是一种量变，量变到一定程度，便有了顿悟。顿悟是质变，是质的飞跃，标志着认识上的根本变化。

　　无论事业还是学业，无论家庭还是生活，都与所处的整个环境有千丝万缕的联系。都在每日的运行中发生着微妙的变化。事业上的定位，学位上的攀升，家庭上的祥和，生活上的调整，都受着环境的制约。生命不是孤立的，生存是不容易的，生活则更纷繁多变。把握人与自然的关系，把握人与人的关系，最终都归结到把握人与环境的关系。生命若能取得与自然环境和社会环境的最终和谐，便是一种成功。

　　取得和谐的过程，也就是不断由渐悟到顿悟的过程。珍重渐悟，不可忽视，亦不可小看。

一生干好一件事

　　在荷兰的一个小镇上，有一位年轻的看门人，也许是因为工作太轻闲，为了打发时间，他选择了打磨镜片这个细致的活儿作为自己的业余爱好。就这样，他看门60多年，也把那神秘的镜片打磨了60多年。功夫不负苦心人，凭着自己研磨的镜片，这位看门人看到了当时人们尚未知晓的另一个广阔世界——微生物世界。此后，他声名远播，只有初中文化的他，被巴黎科学院授予院士头衔，连英国女王都到小镇来拜会他。这位一生磨一镜的看门人就是活了90高龄的荷兰科学家万·列文虎克。

　　列文虎克的成功给世人启示了这样一条闪光的人生理念：一生干好一件事。宇宙无涯，人生有限，每个人都应当把有限的时间、有限的精力集中起来，做一件应当作、可能做的实实在在的事情。一个目标确定之后，必须凝聚起自己的全部心力、体力。焚膏继晷，心无旁骛，坚守初衷，直到成功。哥伦布出生入死年复一年地在汪洋上漂泊探险，发现了摆在那儿无人问津的美洲大陆；袁隆平沿着田埂从满头青丝一直走到白发萧萧，他孜孜以求的除了杂交水稻还是杂交水稻。其实，这世上能够一生干好一件事的普通人万万千千，他们凭着自己的执着为这个世界添砖加瓦，这个世界才会变得越来越美好。

科学实验证明，人脑不少于140亿个细胞，即使是如牛顿、爱因斯坦、毛泽东这样的伟人，他们大脑潜力的开发都还不足10%。可见，一个人一生干好一件事并不难，就看他能否有坚持到底的毅力。有的人只图眼前，不计长远，风来随风，雨来随雨，今天干这，明天做那，见到什么都被吸引过去凑一番热闹。结果，常常到头来只落得两手空空，一事无成。这就不难明白，麦当劳奇迹的创造者雷·克罗克为什么在其总部办公室里悬挂的处世箴言是：坚持。

"一生磨一镜"，是做人的一种方式，一种风格，或者说，是一种活法。贝多芬之于音乐，毕加索之于绘画，柏拉图之于哲学，司马迁之于史学，曹雪芹之于文学等等，都与列文虎克的"一生磨一镜"的精神是一致的。让我们造准自己的人生坐标，坚持不懈地干好自己该干也能干的一件事，这辈子也就没有白活了。

（李隆汉）

做老实人

　　"老实"，《现代汉语词典》释为诚实、规规矩矩。显然，它是个褒义词。

　　无论达官显贵，还是平民百姓，都不乏老实人。宋《竹坡诗话》记载：有个李姓兆尹，为官清廉，纤尘不染。一日灯下批阅文书，仆人送来家书。他即吹灭公用蜡烛，点燃自己的蜡烛。待读完家信，才又点燃公家的蜡烛，继续办公。宋真宗举行殿试，晏殊发现试题自己不久前做过，当即实话实说，请皇上换题目。彭德怀实事求是上万言书，为人民呐喊；张闻天宁肯走路上班，也不愿让小儿子过一下公车瘾。这些人都是因为老实而受到重用和崇敬，从而名垂青史。20世纪六七十年代，全国上下大兴老实之风，连女娃找对象也要个"老实可靠"的。所有这些都说明，老实是做人的本分，老实人终有好报。

　　可到了商品经济迅猛发展的今天，"老实"一词却慢慢变了味，成了个颇带讽刺意味的贬义词。现在的"老实"，往往意味着无能、木讷、迂腐、固执而不肯变通。时下，这类人已经大不"吃香"，老实的男孩更是令女孩嗤之以鼻，正眼也不愿瞧一下。

那些过去在人们眼里的老实人物，用我们现在的世俗眼光看，这些人老实且"迂"，老实且"巴交"得厉害了。他们的行为，不但令我们中的某些人不可理喻，还大为瞧不起。随着时代的进步，经济的发展，连词义也来了个根本性的变化，颇具有一点戏剧性。

老实人在单位干着最苦、最累、最没人愿干的活。八小时内兢兢业业、一丝不苟，八小时外加班加点，毫无怨言。与之相对立的是"精明人"。他们练就了一双"千里眼""顺风耳"，工作平平，但深得关系学之奥妙，从而如鱼得水，左右逢源。正是因为老实人太"迂"，精明人又太圆滑世故，常常是老实人吃力不讨好，而精明人却能受到上级器重，甚至飞黄腾达。于是，在很多时候，是老实人为精明人的平步青云做了阶梯。

老实人是傻子吗？绝不是！精明人的聪明表现在脸上，老实人的聪明深埋在心里。老实人脸上糊涂，心里雪亮；精明人脸上聪明，其实很肤浅。那么，老实人一定吃亏，精明人一定平步青云吗？不一定。相反，正是因为老实人"老实"，而受到领导的充分信任，从而得到了提拔重用。而历史上的和珅可称得上是最"精明"的人，但他正是自以为聪明，而为自己敲响了生命的丧钟！老实人生活得风平浪静，精明人生活得如履薄冰。精明人得到的是暂时利益，而老实人得到的却是长远利益和一生的安宁。两者的好与坏，昭然若揭。

我们敬重老实人的奉献精神，敬重他们不计报酬、任劳任怨、大公无私的高尚情操；而对那种洋洋得意的"精明人"投之以冷眼。目前，全国上下的"三讲"活动，不正是倡导我们讲实话、求实情、干实事、务实效，不正是要求我们做个老实人吗？

做人，还是做个老实人为好。

（邹勇）

走出生命的低谷

19岁那一年的夏天，是我一生中最长的夏季。我痴痴爱着的男友——阿东离我而去。他离去时给了我许多牵强的理由，但我明白，其实最重要的一点就是他已不再爱我。

我时常呆呆地坐在窗前，一整天也不愿讲一句话。老想着以前跟阿东在一起时的情景，想着想着就独自悲伤地流泪。一个可怕的念头时常萦绕在我心头：我想去死。

初识阿东，是我刚参加工作的那一年。一场小病，使从千里之外的那座南国城市来万州做生意的阿东成了我的病人。也许，是我从校园里带出来的那一身清新与稚气吸引住了他。而他，我又感觉跟一般的生意人不同，是那种没多少心计而又有自己独到思想的人。因而，我们从纯粹的医患关系转化成朋友，是再自然不过的事了。而后来，我们从普通朋友成为一杯清茶就可以无话不谈的知己，再发展成亲密无间的恋人，一切都好像是那样地顺理成章。

我跟阿东也的确曾有一段很快乐的时光。我们像朋友一般融洽，又似恋人一般亲密。时至今日，我依然承认那是一种纯真的爱与被爱的感觉。然而，就跟所有青春岁月里的梦一样，以浪漫开始，而无一例外地以失败告终。尤其是我跟阿东的这种爱情，就像是浮萍，漂浮无根。这种无根的爱情逝去之快，也让我措手不及。仅仅只有一年零两个月的时间，他就从我的生命中匆匆地走出，留给我一个匆匆的背影。

阿东的骤然离去，带走了一切，仿佛生命的烛光熄灭了再难点燃。整个世界在一夜之间都已毁灭，我不知自己活着还有什么意义。我看着自己的鲜血那样一点一点地流出来，我如花的生命也就那样静静地逝去。等到我再次有知觉的时候，已是躺在医院的病床上。我醒来看到的第一个人是我的表姐。我那个只有 29 岁却已患了 6 年骨髓癌的表姐，是她救了我。

表姐曾是一个美丽而充满才气的姑娘，却在考取研究生的第二年，她 23 岁的那一年秋天，查出了癌症。她退学之后，回到县城开了一家小小的电脑公司，一边接受着放疗和化疗，一边工作。她曾经如云的秀发变得稀少而枯黄，曾经光洁的肌肤变得粗糙而蜡黄，曾经丰润的身躯变得骨瘦如柴。然而，我依然常听到她银铃般的笑声，她的生活好像还是像以前一样充满了阳光、希望与理想。

在医院的那一段日子，表姐一直陪在我的身边。她帮我请了假，也没有将我的事情告诉父母，更没有责备过我。我记得她曾对我说过："只要你不放弃生活，生活就永远不会丢弃你。人死了，就不存在了。但是，人若活着，就存在着，并不是一无所有。所以，无论活得多么悲惨，也比死去好。"

　　躺在医院的病床上，已死过一次的我，看着病魔缠身的表姐却来照顾我、开导我。我曾致命的悲伤和绝望仿佛在一夜之间变得无足轻重起来。表姐的经历和重新被唤起的对生命的热爱占据、充实着我的心灵。生活犹如一个旋转的舞场，人随时都可能重新挑选和改变自己的舞伴。那时，将响起一曲新的旋律，踏的也将是新的节拍。生命本是细水长流，除了爱情之外，还有许多更有意义的事情。我不能将自己的美好年华献给无谓的忧伤与毁灭。灿烂只在瞬间，平淡才是永恒。极端的、轰轰烈烈的爱情是美人鱼赤足在刀尖上舞蹈的情景，美丽但是惨痛。我不能做一个思想简单、任性荒唐的年轻姑娘。

　　在医院住了一个星期之后，我出院了，又悄悄地回到了工作岗位上。没有一个同事知道我曾发生过的事，在他们眼中，我依然是我。而事实上，我早已脱胎换骨。

　　在我以后的生活中，也曾遇到过许多的坎坷和不如意。但我始终牢记着表姐所说过的话，永不丢失我自己，永不放弃自己的那一份美丽与坚韧，不再有习惯流泪的眼睛。

　　时至三年后的今天，我已找到了一个和我倾心相爱的男友。事业上虽不能说小有成就，却还算发展顺利。我写下曾经的这一段经历，是希望能够唤醒像我当初一样迷途的朋友。同时，我也谨以此文，沉痛怀念两年前谢世的表姐。

（张蓝月）

最是难得平常心

　　报载，韩国一家大企业集团的副主席在集团倒闭后，返回培训所，学习如何成为侍者。这一天，62岁的徐相洛穿着侍者的服装，在汉城市中心一家大酒店，学习如何端拿不锈钢盘子。他在那家酒店参加侍者课程培训，并对自己能在经济艰难时期找到工作感到庆幸。徐相洛是三美集团前副主席，集团的主要公司三美钢铁是韩国最大的不锈钢厂家。

　　大公司的副主席做餐厅的侍者，而且还怡然自乐。这在我们看起来简直是不可思议的事情，过去关于公司老板经理在破产后跳楼的事听过不少，而像徐相洛这样身份的人，在企业倒闭后竟快乐地做起侍者来还是第一次听说。面对生活的激流，他能进则进，能退则退，不因为自己过去曾居高位而不甘于低就，而是积极地面对自己的现状，重新做一个自食其力的普通劳动者。这倒应了我们中国人的一句名言：达则兼济天下，穷则独善其身。

　　徐相洛最可钦可佩之处，是他有一颗平常人的心。因为有平常心，所以能够正确地看待自己的过去和现在，在发达时，不把自己看得不可一世、高人一等，在公司倒闭后不把自己看得一文不值、自暴自弃，而是在人生的大起大落面前能够自始至终保持平静的心态；因为他有一颗平常心，所以他能够认识自己不过是芸芸众生中的普通一员，并不比别人高贵，生活的磨难和曲折都是人生应有的内容，没有人一生是鲜花相伴，也没有人一生的路都是荆棘丛生，所以当厄运降到自己头上的时候，他能很快调整自己的人生坐标，并不怨天尤人；因为他有一颗平常心，所以他懂得人生的价值，虽然自己的辉煌时代已经结束了，但生命并没有结束，还可以创造生命的价值，人不一定只有做大人物才有价值，普通小民一样可以闪光。徐相洛能做到进退自如，得益于他这颗可贵的平常心。

平常心可贵，然而在现实生活中，要保持平常心却是很难的。一些人会因为有点地位就觉得自己了不起，面子架子都大得很；一些人会因为自己稍稍有一点点成绩就觉得自己高人一等、与一般的凡夫俗子不是一类；又有一些人会因为有某方面的特长而觉得自己比别人优越：他们都缺少一颗平常心，因而"宠辱不惊"对他们而言也就永远是一句空话。

可见，平常心是很难得的，然而，并不能因为它难得就回避它，平常心是我们立身处世、完善自我的根本；有了它，我们才能正确地对待自己与他人的升迁沉浮，不会因一己之失而伤悲，也不会因为骤然所得而劳神，以平常之心观物，则万物莫不同我；以平常之心观己，则己莫不与万物相宜。

如今，人的地位都处在不断的变化中，很多曾经是身居要职、受人瞩目的领导或者机关工作者也将会加入普通下岗者的行列，在这个转变过程中，个人能不能正确对待自己因工作的转变而带来的地位变化，这与是否有平常心是有很大的关系的。其实，人都是父母生土地养，并不存在谁比谁高贵的问题。能得到也应该能失去，能上去也应该能下去，这才是正常的社会，人的地位诚然与个人的奋斗有关，但更主要的还是社会为我们提供了机会，曾经有过这种机会就已经是社会给予了我们恩赐，不应对社会要求得太多。

放下面子，放下架子，正确地看待自己和别人，回到本真的自我，多一点平常心，少几分功利心，则天空会更广阔。

（张超跃）

自立，是人生成功的第一步

　　我经常接到一些年轻人的来信，他们大多十八九岁，有些二十多岁，刚大学毕业踏入社会。他们遇到的最大问题是迷茫，找不到工作，觉得自己身体和心理有问题。他们对自己没有信心，对社会缺少热情，心情常常郁闷，认为自己做什么都不成功，即使交朋友也常失败。他们心里焦急，时常精神恍惚。

　　看到这样的信，我想到的第一个词就是"自立"。所谓自立，就是自己的事情自己负责；不依赖别人，靠自己的劳动生活；勇于承担自己的责任，能成为真正的独立的人。可以这样说，人的成长过程，就是一个不断提高自理能力的过程。可是看看现在的年轻人，他们不缺少文凭，不缺少科学知识，不缺少关系和金钱。他们缺少的，就是自立。

　　一个已经毕业一年仍没找到工作的大学生曾苦闷地问我，他是不是很没用？我反问他是真的找不到工作，还是找不到令自己满意的工作？如果是后者，我建议他从最低处做起，放下自己大学生的架子，别顾及工作的环境。我说，你毕业都一年了，还要靠父母给你寄生活费，这算什么大学生。家人辛辛苦苦把你支持到大学毕业，你不想着如何反哺，如何尽快自立自强起来，整天寻思着找一份体面的工作，可是，时间不等你呀！

人生是一个不断成长的过程，而自立就是成熟的标志。随着年龄的增加，人要学会自立生活，自立包括你能够独立走上工作岗位，能够自己养活自己，能够用自己的劳动去温暖、感染他人。这样的人生，才是成功的人生。它不需要你有多么优越的工作，获得多么高的薪水，当然，薪水高说明你的能力比较强，创造的价值大，但只要你从事着一份普通的工作，能够挣钱养活自己，行得正，走得端，你也是令人敬重的。

人人都有理想，都希望将来获得辉煌的成就，这很好，它至少说明你有远大的目标。但对许多年轻人来说，目前最重要的，是一步一步往前走，不要急，不要慌，要踏踏实实地前进，一步一个脚印，日积月累，你的能力提高了，经验增加了，眼界也会随之大开。再则，就是需要你的坚持，选定目标后，要努力一直朝着一个方向走。沿途或许会有许多诱惑，但你要记住，暂时的享受比长远的幸福逊色很多。人生是个长远的过程，你不只是为了一两天的享受才来到世上的，还有许多宏伟的理想要你去实现。

有些人说他们心情常常很糟糕，老是郁闷。这很正常，谁都有郁闷的时候，关键是你要让自己充实起来。你要制订出一个合理的计划，让自己每天的时间都充实起来，这样空虚与烦恼就没有可乘之机了。至于有人说自己不会交友，缺乏与人交流的能力，我更是不能同意。如果你与人交往，拿出一颗心来，并且热情、积极，哪里会没有朋友？

总之，整天坐在屋里发牢骚是没用的，要想获得成功，第一步就是走出来，经风雨，见世面。时间不会等你自立，你要学会让自己尽快自立起来，这是我们生活能力的锻炼过程，也是我们养成良好道德品质的过程。我们要不断完善自己，自尊自信，成为一个对自己、对他人、对社会负责的能够自立自强的人。

（柯云路）

打捞高尔夫球

　　瑞德原先从事着沉船寻宝的工作，一天，他看到一位高尔夫球手将球打进湖水中。霎时，他看到了一个机会。

　　穿好潜水衣，他跳进了高尔夫球场的水障湖中。在湖底，他惊讶地看到白茫茫的一片，那里堆积了成千上万颗散落的高尔夫球！这些球大部分都跟新的没什么差别。

　　瑞德打捞了几颗高尔夫球给球场经理看，经理马上答应以十美分一颗的价钱收购。他这一天打捞了两千多颗，得到的钱相当于他一周的薪水。后来，他每天把球捞出湖面，带回家雇工人洗干净，重新喷漆，然后包装，按新球价格的一半出售。

　　其他潜水员也闻风而动，瑞德干脆从他们手中收购旧球，每月都有八万到十万颗这样的旧高尔夫球送到他设在奥兰多的公司。现在，他公司的年收入已达一百多万美元。对于掉入湖中的高尔夫球，别人看到的是失败和沮丧，瑞德说："我主要是从别人的失误中获得益处的。"

（李阳波）

用轮子掘金

他是一个幸运儿：出生在繁华的都市巴黎，父亲是位珠宝商，母亲是波兰富商的女儿，家境在巴黎也算得上是"上层"，他生下来就跌在蜜罐里。

他又是一个不幸的孩子：6岁时，父亲因投资受骗血本无归，选择了自杀；母亲因受不了打击，一病不起，后撒手人寰。小小年纪的他便尝到了家破人亡的滋味。

在亲友的资助下，他艰难地活了下来，考进了巴黎的一家高等学府。1905年，他成立了自己的公司，生产专利产品——人字形齿轮。1912年，他去美国参观福特汽车厂时，萌生了平生第一个大胆的设想：我要用轮子掘金！这在当时是一个极不靠谱的想法，因为他的公司所生产的齿轮与汽车行业风马牛不相及！但是，他敢想，更敢做。1913年，他把福特汽车公司的生产线引入自己的公司，但是多次试验，均以失败告终。亲朋好友纷纷劝他："算了，你用齿轮发的财，不可能转到轮子上去！"

"一战"爆发后，他入伍成了一名炮兵少尉。炮火连天的战场上有什么财可发呀？他却慧眼独具，创办了一家日产两万发炮弹的军火厂。战争结束后，他把卖军火挣的钱全部投入到汽车行业中，并且夸下了海口："日产汽车100辆！"此言一出，人们都以为他疯了。1919年5月，他终于研制成功了A型汽车。该车采用电子打火、三挡变速器，一经问世，便收到了1.6万张订单。1924年，A型汽车因荣获"最佳经济性能奖"而使日产量达到了300辆。1925年，以他的名字命名的汽车成为全法国第一品牌汽车。1934年，又一种新型TRACTION汽车上市，整个法国汽车市场立即掀起了"微型轿车风暴"。

他，就是世界汽车史上大名鼎鼎的安德烈·雪铁龙。他所开创的"雪铁龙"品牌汽车已经成为世界汽车行业最好的品牌之一。

在这个世界上，能够"想得到"的人很多，能够"做得到"的人则很少。把"不可能"变成"可能"，把"想得到"变成"做得到"，这个过程叫作"实干"和"成功"。

（刘锴）

青涩初生不胆怯

哪朵花蕾不争春？哪个少年不青涩？

可这花蕾正是明日的春光，可这少年正是将来的传奇。花蕾不必为已经盛开的花朵胆怯，少年更不必为自己的青涩胆怯。

"初生牛犊不怕虎。"我更多地把这句话当作激励，但牛犊不怕虎的原因并非只是初生，更不是无知者无畏，是因为虎并非个个都令人害怕，也有"病猫""纸老虎"，也有见了初生牛犊而露怯的虎。这就是丛林真相。你正为自己的青涩瞻前顾后，也许别人正敞开门，准备迎接一个新人的到来，青涩正是你的无限可能，何必为子虚乌有、夸大其词的传说而裹足不前？

"明知山有虎，偏向虎山行。"青涩少年更应如此，我们的使命不是去征服甚至杀死一只虎，而是翻越人生的"虎山"，在山巅将万里浮云一眼看开，拥有自己的绝美风光，从而告别青涩，活得越来越轻盈，越来越赶劲儿。不胆怯，反而头角峥嵘，威风凛然，虎也不会随便拦路，它也许会让你成为更有信仰和理想的少年，金戈铁马，渐入佳境。

　　青涩无罪，胆怯却辜负了青春。少年应过加法人生，暮年才懂人生减法。而每一次胆怯退缩，都是一次过早的减去，减了激情，减了心智，减了理想，让花蕾脱落花瓣，让青涩转为苍白，让青春无辜受伤。是少年，必天生青涩，未经青涩，难有日后的红透饱满。此道崎岖，请带着自己的青涩果敢上路，在青涩中加入光，加入热，加入养分，加入美德，加入梦想，加入才华，加入美，加入善，加入责任，你方能够气贯长虹，义无反顾地红。

　　一棵棵从石头缝里长出的青涩小草，也许不招人怜爱，也不招人疼惜，但它们认命却不放弃，孤独却不颓废，卑微却不胆怯，犹豫却不退缩，终将自己的春光诠释得完美无缺，令人动容。它们也许无法为谁做到雪中送炭，却一定能够做到锦上添花——添的是联袂磅礴的花，呈现的是令人震撼的美！小草不胆怯便不为小，大树一露怯却也不够大。背靠大树的人其实已经露怯，勇敢做小草的人自然具备了好底子，可以从容耐心地讲好自己的故事，甚至讲出传奇，讲出奇迹，讲出绿遍大地的磅礴。

　　青涩、卑微、贫瘠均不可怕，可怕的是内在空洞无物，不够自信，一出手就弹尽粮绝，刚碰壁就草草收场，心气高远却站不高，也看不远，也许凭借一时的天时地利能够好歌好舞，最终却无法挽救自己的平庸浅薄于水火。一个少年纵然再青涩，也不要迷信外在和形式，在这方面的需求越多，改变越多，越想抄便道，走捷径，最后只能将自己弄得面目全非，不伦不类，更不受待见，不好收场。

形式包装内容，形式粉饰内容，这是最大和最可笑的露怯，还不如青涩示人，本真示人，让青涩在没有大多外力和诱惑时显得更加真诚纯粹，在专业修炼和提高人生境界的过程中华丽转身自然红。

看那流行人物的热闹，热闹正是因为很多人没有货真价实的东西，才极尽喧哗，越玩越大，你且一路看到底，他们原来没能在新的天地里技高一筹，也无甚出奇。

青涩，这是一个少年最初的表情和标志，也是自己让更多平凡人引为同类的东西，这绝不是干瘪轻飘，也不必仓皇菲薄。青涩而不胆怯，青涩而不粉饰，让心里有底，让内在先红，相信没有人能给你一个人生，勇敢地走下去，走下去。走过丛林，走过江湖，你也便是王，你也会春光摇曳，红了又红！

（孙君飞）

主动的人机会多

2009年12月，在一家小工厂做文员的我，因为工厂经营不善而失去工作，几次求职受挫后，为了在年前有个安身之所，我只得收起一定要找个文职工作的念头，暂且进了一家工厂的生产车间当了一名流水线工人。

年假前一个星期，工厂管理部丁经理考虑到春节时保安队会缺人手，就向车间要人，要求生产单位派出人手先来保安队培训，以便年假期间协助保安人员值班。

主管把我们几个刚进厂不久的新员工召集到一起说："我们单位分到一个名额，我发扬民主，愿去的请举手！"

其他几个人面面相觑，都不作声，只有我一个人举了手。

于是我被选中，然后到保安队报到。

我被分到前门站岗。保安队两班倒，我每天差不多要站12个小时。遇到贵宾来访，还要向着车子和来宾举手敬礼。

几个当初不肯报名的同事有时从门口经过，都一脸诡异地笑我。有人小声对我嘀咕："你好傻，保安队春节不休息，到时你想玩都没得玩！"

我脸涨得，火热，憋着一口气默不作声。他们见我没有丝毫反应，就没趣地走开了。

前岗每天都会收到信件，由值班保安整理好，然后写在公告栏内的黑板上通知收件人领取。

有一天，带我值班的老保安问我："你的粉笔字写得好不好？"

我小声说："马马虎虎，还过得去！"

老保安就把一堆信件推到我手中："那你帮我去出通知！"

我很听话，就拿着一堆信件去公告栏出通知。

我在高中时是学生会宣传委员，写几个好点的粉笔字对我并不是难事。

我正写得起劲，肩膀突然被一个人轻轻拍了拍。我一扭头，看到一个中年人和一张面带微笑的和蔼的脸，原来是管理部丁经理站在我身后。

我吓了一跳，马上原地一个立正，敬了他一个保安式的军礼。

"你的粉笔字写得很好。"他赞许地说。

我腼腆地笑笑，小声说："我读书时经常出黑板报，进厂前还在一家小厂做过企划宣传"。"哦！"他好像很感兴趣，与我交谈起来，很仔细地问了我的基本情况，比如学历、经历、特长及会不会电脑办公软件等。

我一一小心仔细地做了回答。

最后，他再次轻轻地拍拍我的肩，示意我继续工作，然后满意地离去。

年假前的头天晚上，我正在值夜班。忽然前岗的分机响了，老保安接了电话后对我说："你马上到管理部办公室去，丁经理找你！"

我又吓了一跳，以为自己做错了什么事，但想来想去硬是没犯事。我就这样心情忐忑地走进了丁经理的办公室。

丁经理一看到我就招呼我坐下，然后说："你不是会办公软件吗？帮我把桌上这个文件打一下！"

我这才松了一口气，原来不是我犯事是他找我做事。这好办，我五笔打字挺快，Word 文档很熟。很快，我就把他办公桌上一个手写文件录入电脑制成一份正规文档并且打印出来。

他看了很满意，边看边频频点头。我又趁机指出其中几个用得似乎不妥的词语，用建议的口吻与他商议，是否可以换成某某成语或短句。

他听了高兴地夸我："看不出你文学水平还很高！"

我笑着小声说："我平时比较爱看书，业余自修过文秘课程，还在报纸杂志上发表过小文章。"

他听了更高兴了，又和蔼可亲地拍拍我的肩。事情做完后，还把我一直送到办公楼下。

第二天，保安队长就通知我不用值班了，直接借调去管理部办公室打杂。说是打杂，其实是协助丁经理策划和安排春节留厂人员摸奖晚会之类的事宜。

我很珍惜这难得的工作机会，工作上指哪打哪，处处执行到位，丝毫不打折扣。虽然人累得够呛，但我毫无怨言，就算腰酸背痛，也像没事人一样，整天乐呵呵地忙上忙下。

在摸奖晚会工作人员不够、气氛不够热烈时，我还主动客串了一把主持，替明显有点儿窘迫的丁经理救了场解了围。

最后，摸奖晚会圆满结束。丁经理为了感谢我，还专门带我出去吃夜宵。我们把酒言欢，畅言相谈。临别时，丁经理再次轻拍我的肩："小伙子，好好干！主动做事的人，机会大把地有！"虎年正月初八，工厂开工，我回原单位报到。单位主管却喜气洋洋地告诉我："自即日起，你调管理部经理室上班，任经理助理，协助丁经理工作！"

从主管处了解到，原来，丁经理去年就一直想在工厂内部物色一个助理，相了好多人，但现在我这个新人偏偏走了运，刚好就被他相中了。

我这才明白了经理对我说"主动做事的人，机会大把地有"这句话后面的真正意义。

（周卫华）

痛了自然就放下

一个苦者对老和尚说："我放不下一些事，放不下一些人。"和尚说："没有什么东西是放不下的。"他说："这些事和人我就偏偏放不下。"和尚让他拿着一个茶杯，然后就往里面倒热水，一直倒到水溢出来。苦者被烫到马上松开了手。和尚说："这个世界上没有什么事是放不下的，痛了，你自然就会放下。"

事实上，我们很多时候放不下。我们有了功名，就对功名放不下；有了金钱，就对金钱放不下，有了爱情，就对爱情放不下；有了事业，就对事业放不下。

是因为我们心中还有念想，比如对爱还存有希望，期许未来会改变，心中的贪欲还在作梗，对方的行为还没有触及自己的承受底线等。总之没有让自己痛到撒手。放下其实是一种顿悟。有时候特别优柔寡断的人常常思前想后，拿起来慢，放下也慢。倘若他经历过一次重大的变故，比如死亡的擦肩，那么这种重击会让他一下子像变了一个人，看开了、看淡了，自然就放下了。

有一个人出门办事，跋山涉水，好不辛苦。有一次经过险峻的悬崖，一不小心，掉到了深谷里。此人眼看生命危在旦夕，双手在空中攀抓，刚好抓住崖壁上枯树的老枝，总算保住了生命。忽然看到慈悲的佛陀站立在悬崖上，慈祥地看着自己。此人如见救星，赶快求佛陀说："佛陀！求求您慈悲，救救我吧！"

"我救你可以，但是你要听我的话，我才有办法救你上来。"佛陀慈祥地说。

"佛陀！我全都听你的。"

"好吧！那么请你把攀住树枝的手放下！当你把这些统统放下，再没有什么了，你将从生死桎梏中解脱出来。"

此人一听，心想：把手一放，势必掉到万丈深渊，跌得粉身碎骨，哪里还保得住性命？因此继续抓紧树枝不放。佛陀看到此人执迷不悟，只好离去。其实那人离地面仅仅有一米。

我们之所以痛苦，是因为有欲望，天天背负着欲望和想法的人，自然很累。见物喜物，见人喜人。一如我们买了个新房，开始就想疯狂地购买东西嫌房间太空，等到多年以后，你会发现这个房间被你堆得像一个小胡同了。你觉得特别压抑，想扔些东西出来，结果呢，扔这个时，觉得太有纪念意义了，留下；扔那个时，觉得扔了以后就没有了，还是留住吧。最终，你哪个也舍不得，于是就只能忍受狭小的空间，忍受压抑的生活。倘若有一天，你的房间漏雨，把东西打湿了，或者你没有下脚的地方了，于是你扔的勇气就是另外一种情况了。这就是真的痛了，就敢下手了。

　　旧的不去，新的不来。秒表只有不断地清零，才能更好地测定你奔跑的速度。面对未来，人如果不及时清零，你背负的东西将模糊幸福的指数，继而让你在生活中失去自我。

　　托·富勒说："记忆就像一只钱夹，装得太多就会合不上，里面的东西还会全部掉出来。"过去的事情可以不忘记，但一定要放下。一旦放下，万般自在。生命注定要忘却一些东西，不应再追忆的便彻底摒弃，太多的留恋会成为一种羁绊。无论怎样，我们的脚步要走向前方，而不是一直回首那过往的每一个路口。

（青灯下的古佛）

不能等

一个二十多岁的年轻人，参加同学聚会，当年一起读书的同学，如今大多在读大学、考研、考博。

席间，大家谈笑风生，山南海北，古今中外，畅谈人生。他一句话也插不进去，好不容易熬到同学会散了，他逃跑一样离开了。回到家，他睡不着觉，想起自己的少年时代，贪玩、打架、惹事，别人刻苦读书，他嘲笑人家是书虫，又呆又笨。青葱岁月，弹指一挥间，就那样被自己挥霍掉了。如果重新来一次，他想自己一定会珍惜的，只是人生没有如果，也不可能重新来过。

一个三十多岁的青年，参加同学聚会，当年一起读书的同学，大多学有所成，在一方天地有所建树，或者在某一个领域小有成绩。再看看自己，大学毕业这些年，走马灯似的，工作换了一个又一个，每一个地方都待不长久。刚开始，老是找客观理由，什么领导不体恤下属、同事难以协作、工作自身局限性大、没有发展空间等等，诸如此类的理由，一火车都不止。时间如流水，过了很多年，自己还是某家单位里刚跳槽过去的新人。

感叹命运的不公吗？感叹人生的无常吗？其实都不是。

一个40多岁的中年人，参加同学聚会，当年一起读书的同学，大多是一家人一起来的，妻子温柔体贴，孩子天真快乐，一家人幸福美满。唯有他，形单影只，既无妻也无子。不是他没有机会幸福，而是他一次一次地把机会错过了。这个不够漂亮，那位不够温柔；这个学历不高，那个工作环境不好。他从来没有想过，自己是德才兼备的完人吗？凭什么要求别人完美？好不容易结了婚，又无法容忍对方的小缺点、小毛病，最终还是离婚了，他成了孤家寡人，一个地道的幸福旁观者。

一个五十岁的壮年人，参加同学聚会，当年一起读书的同学，大都身体硬朗，腰板挺直。50岁，本来就不算很老的年纪。可是看看他，居然有些惨不忍睹：腰也弯了，背也驼了，而且华发早生，亚健康像一个看不见的杀手潜伏在身体里。究其原因，是他的先天条件比别人差吗？当然不是。一年到头，忙于应酬，生活没有规律，饮酒过量，吸烟无数。别人健身的时候他懒散，别人睡觉的时候他熬夜，极度透支和挥霍健康，他的身体能不比别人差吗？

俗话说，什么季节开什么花儿。人也一样，什么年龄做什么事儿。选择自己的人生目标，然后不停奋斗和努力，生活中的很多事情都不能等，比如，孝敬父母不能等、享受天伦不能等，一等从此万事成蹉跎，等到身后的门都关上了，就什么都来不及了。

（积雪草）

小人物

　　《水浒传》里的林冲是个大人物，其岳父张教头是个小人物。一部浃浃大书，对张教头的描写不过千把字，却让人觉得他非常可爱。

　　《水浒传》第七回，林冲即将被发配到沧州，一纸休书将娘子休掉。此时其岳父站出来说，家里可以在林冲被发配时赡养其娘子直到等他回来。张教头说："休要忧心，都在老汉身上。"区区10个字写出了张教头的责任心。也因如此，张教头这个名不见经传的小人物一下活了，我们读懂了他的可爱。责任，能让一个人的价值迅速升值，可以让小人物变成大人物。而林冲这个大人物因一时的逃避心理在其岳父面前迅速矮了一分。在看似为娘子好的表面上，多少隐藏着一点逃避责任的意思。此时的大人物远没有小人物可爱、可敬。

　　看余华的《活着》，被富贵这个小人物感动着。他经历了几乎只有大人物才经历的坎坷，最后依然做着"让鸡变成鹅，让鹅变成羊，让羊变成牛"的朴实的梦。梦想这个词听起来似乎很空洞，但如果每个人都有富贵那样很小却很丰满的梦想，那理想应该是个温暖的字眼，现实也不会太骨感了。

大人物和小人物的分别除了社会地位之外还有道德定位和心灵定位。如果仅仅是一个社会地位上的"大人物"，这样的"大"未免有些飘，没有牢靠的基础。如果是心灵上的"大人物"，那他一定是个担得起责任、知道梦想却不幻想的人。而幸福又愿意找这样一群可爱的小人物，一旦遇见，小人物的幸福一定是妥妥的。

（照日格图）

让我做一只蝉吧

当很多生命都在沉默的时候，让我做一只热情歌唱的蝉吧。

我不能不唱，沉默的蝉毫无意义。诗人说"我不能不唱，造物主给我的时光大短暂"，对于一只远比芦苇脆弱的蝉来说，更是这样，歌声就是蝉的生命和思想。只有心无旁骛、坚定不移地歌唱下去，蝉的生命才能延续，才能在生命的轮回中赢得新生。

让我做一只蝉吧，我相信一只优秀的蝉同样可以"使夏日更像夏日，使夏日更加丰富"。

我确实唱不出大海的雄浑磅礴，但我是其中的一个音符；我也唱不出雷电的惊天动地，但我是其中的一种衬托。我没有扶摇九天的凌云壮志，我只想淋漓尽致、完美无缺地做一只在歌声中与自己生死相依的蝉。世界繁芜复杂，我只想简单地活着，只想简简单单、一心一意地一路高歌，把最精彩的歌声唱出来，把最纯朴的歌声唱出来。我不讲究字正腔圆、绕梁三日，我只想蜕出声音的外衣，让人听出我的坦诚和真实的心声，让人知道我在用歌声打开一个个窗口，放飞恩怨得失，赢得清风蓝天。

让我做一只蝉吧，让我一直歌唱到大地丰收的时候。

"蜕变后的蝉不再是蜕变前的蝉，一曲后的蝉也不是歌唱前的蝉。"蜕变和歌唱的意义正在于此。蜕变是一种歌唱，歌唱也是一种蜕变，只有这样我才能满怀希望和梦想到达生命的枝头，为的是无限地接近阳光和天使。我的歌声日益饱满和纯粹，不着一粒尘埃和一丝虚怯。我天真得像个孩子，也狂热得无边无际，一声接一声的歌声无不是从灵魂的深处响起。我只有响亮而璀璨地活着，才能告慰另一个世界的自己。

让我做一只从生到死都在歌唱的蝉吧，我用歌声为自己点亮一盏灯，照亮我的前生，照彻我的今生，照见我的另一个青春葳蕤的季节。

（羲水羽衣）

下一站，青春

　　当夜的怀抱将世界悄然包揽，当星空璀璨使人间亮于白昼，我独立于不显高峻但冷风依旧刺骨的山头，俯瞰属于我的小城。满城灯火依旧，薄雾轻绕，迷失了我的方向。谁能在耳畔给我指引，让我明白，哪一颗星才是属于我的火光？

　　上学的路上会经过两个十字路口，另外三条陌生的路都蜿蜒伸向远方。而我永远只习惯于踏上那日复一日熟悉的旅程。但，成长是欲望的开始。当绚烂的霓虹掩映了城市的浮华，我独立于十字路口，暗自猜测：陌生崭新的路途，是否明亮如今朝？

　　我习惯了黑夜，在广袤深邃的夜空中，不计其数的星星在固定的轨道上缓慢地运行，悠然欣赏那闪耀着灿烂光芒和自己同类的身影。谁来告诉我："若是星星脱了轨，将会流落何方？"总会有乐观的人说："所有的悲伤，总会留下一丝欢乐的线索；所有的遗憾总会留下一处完美的角落。"或许正如看惯了天晴，细雨也变成了风暴，那么我朴实平淡的青春哪，请告诉我怎样才能将前途照亮？

　　懵懂无知的我们，该怎样微笑着，才能绕过玫瑰的锐刺，斩断满路的荆棘，最后抵达彼岸的光亮？记得小柯对我说："人生不能总是高潮，生活也不可能永远是诗。"这是不是意味着即使我只是一支廉价的蜡烛也要尽最大的努力去释放光和热，将这个纷乱的人间照亮？又或许，我只该做一棵沈尹默《月夜》中的树："霜风呼呼地吹着，月光明明地照着，我和一株顶高树并排立着，却没有靠着。"如此地独立向上，清高不凡，这个世界才有我的容身之隅？

常问自己，什么时候才会习惯路途中的雨滴将回忆打湿，融成欲说还休的情调；什么时候才会等待弯弯的月儿恰似岁月的书签，夹在"青春"那一章，独散清香？我们游走在15岁，迷，在这个什么都不懂的年纪；懵，于我们无限未知的将来。有首歌唱得好："有没有一扇窗能让你不绝望，看一看花花世界，原来梦一场。有人哭，有人笑，有人输，有人老，到结局还不是一样。"那么，当我把自己的梦剪碎，去下个梦里做着拼图游戏，我是否依旧懵懂？当遗忘了彩虹的天空一片蓝，彼岸是否依旧灯火依旧？

我彷徨于属于我的青春，迷失了方向。霓虹灯是夜的眼睛，凝望着晨曦未露的天空。晨曦是黎明的使者，嫣然笑望着霓虹灯，那么如此狗血的现实与我单纯的梦想，又将怎样纠结缠绕？曾经听人说，踮起脚尖，我们或许能离幸福近一点，那么我又该怎样做，才能使未来不再迷茫，让我摆脱懵懂无知，懂得守望？每当仰望初冬浑浊的天空，看着排成"人"字的大雁昂首飞翔，就知它们已有自己明确的方向，远方的温暖是它们最忠实的期望。而我却仍像一片秋天的残云，徒然在空中飘浮。如果可以，请让我做一只雁，飞往遥远的南国，请容许我做一条鱼，游向浩瀚的太平洋。

吉米说："名叫'乌鸦广场'的那一站，没有乌鸦，也没有广场。"青春，就像没有路标的迷宫，于是在这个城市，这个季节，我们不断迷路，不断地坐错车，并一再下错车。谁来告诉我，这一站是终点还是另一个起点？请让我成为雁，变做蚁，只要嗅着自己的气息，就能找到自己的方向，抵达属于青春的天空。

（鲁香玲）

成长是一种幸福

成长是每个人的必经之路。

最妙的成长，在于自我觉知。曾几何时，我们爱吟诵一些美丽的句子，比如"聆听花开的声音"，其实是我们正在凝视一朵花的成长。如此，花开便多了一层的深意义。而作为独立生命体的我们，每时每刻都在成长。其实成长可以被看作是一种生命属性，觉悟的那一刻，便是成长。曾有诗人说：人在睡觉时候，趋近于死亡，可见人的成长在某种程度上意味着思想的成长。

亲情、友情、爱情，是人类历史长河中永恒的话题。倘若把个人的成长融入这三个话题中，不失为一种阶段性印证。

亲情如水，"血肉相连"四个字比任何证据都来得有说服力。只要是血亲，他们的身上总有一些细微的相似性，比如神态、站姿、思维方式等等，这是不以人的意志为转移的。俗话说，最亲是父母。到了一定阶段，当我们的翅膀终于硬了、有能力在远方自给自足时，平生的漂泊与孤独感，会令我们倍加思念曾经被父母小心呵护的口子，也会在静默中坚信，哪怕世界变异、人心不古，但到底还有父母令自己觉得人世美满，如此，真心关爱父母的冷暖、尽力让他们开心则成了我们此生最重要的使命。

爱情似火，成长表现为一种看似不确定的确定性。确定，是因为在这一路走来的跌跌撞撞中，我们已大体知道自己需要找寻一个怎样的伴侣，找寻一个与自己相似或互补的伴侣。不确定，是因为要遇见一个合适的人并不容易，生活中有那么多与自己相似的人，但最终是否能够走到一起，则要看各自的造化，如孟子所说的"天时地利人和"皆备，方可。爱情是生命的一种承载，媒以爱情，我们更容易抵达生命的真实、人生的彼岸与思想的涅槃。

友情似金，它的一条原则是：诚待他人。诚信是人人应有的德性。诚信像是一扇窗，赠人玫瑰手有余香。真诚而友善的交往，在快乐之余，可以引发我们思考人生中的其他命题。如此，人生便具有了一种从容不迫的连贯性。有的时候，抛却所有真假错对的价值判断，望着自己的生命如一条河般不疾不徐地流动，真是一大快事。

成长是一种持之以恒的人生状态，就像青春。所谓苍老，其实是一种怠惰，一种自我欺骗。清醒而自觉的成长，是一种长久于心的幸福。

（陌上舞狐）

向着花开的地方赶路

　　四月的芳菲，有一种天然的清雅和高贵。路旁的槐花一团团、一簇簇，满眼的雪白晶莹。想必用这四月的槐花做成蜜，甜与香一定能够令人回味无穷吧。于是我赶紧约邀好友，定好时间，一同买蜜去。

　　第二天的下午，我们来到了养蜂人的家。说是家，不过是暂时在荒废的建筑工地旁搭起的一个小棚子。一张简易搭起的床旁边，是几桶已经收好的蜂蜜。门口堆着买卖的工具，边上有一口锅及盛水的器皿。

　　我们搬来小凳子坐等，看着养蜂男人的老婆在里间忙里忙外。黑色挂帽加印花的短袖T恤，下面是折叠的合身短裙。因是在路边，上面已经落了不少灰尘。从搭配上讲，她的服装根本没有什么讲究可言。她的体形略胖，肤色略黑，不仅有一个厚嘴唇，而且还有些跛脚。应该说，这样的一个女子，是无论如何都不与美感搭边的。可是她并不觉得自己的相貌或是衣装有什么不妥的地方，她微笑着，用她那不匀称的脚步，欢欢喜喜地招呼着客人。

她的笑容很有感染力，使得她整个人都感觉亲切起来。她说，她的丈夫还没有吃饭。声音里先是有些疼惜，然后立即恢复了开朗，继而你就会听到她哈哈呵呵的欢快笑声。大家就劝她赶紧让她丈夫吃饭，并强调时间已经是下午两点半了。她说他不吃的，每次都是把蜜收完才吃。声调里有些嗔怪和小女人的撒娇味道，但是微笑依然挂在嘴边。

　　大约等了半个多小时，养蜂男主人才终于从蜂林中钻出来。有几只蜜蜂紧随其后，坐等的人赶紧仰后身子躲闪。他没有说累，也没有说饿，只是估量了一下今天刚收的蜜，就慌着对后来的那个阿姨说抱歉。他说就这些了，今天没有了，实在是抱歉哪。那诚意，像是亏欠了老朋友一般。不过听那阿姨说，这些买蜜的人还真是像他的老朋友一样，每年的四月，他在此安营后，就会给熟客打电话联络。那些熟识的老友以及新朋友，便会像蜜蜂一样飞来。七八年了，年年如此。

　　轮到我们买蜜时，他说，他家在外地，距离这里有几百公里。等槐花开罢，他们便要赶往下一个有花开的地方。

　　"哪里有花开，我们就赶往哪里。"养蜂人如是说，然后夫妻二人开开心心地收工了。也许常年和蜜蜂在一起，他们身上也有了蜂的许多品质吧。听说一只蜂只能存活五十多天，在它们有限的生命里，总是辛勤地耕耘，快乐地歌唱着，短暂的一生充实而快乐。而他们又何尝不是这样呢？他们不顾辛劳，四处奔波，餐风饮露。在无数与花相伴的日子里，他们用一杯恬淡和乐观的心境之水，为生活加蜜，把日子浸泡得甜美、芳香。

拎着淡淡琥珀色的蜂蜜回家，我在想：一直喝的亲手采制的花茶，不过是用心灵的苦水在浸泡它，难怪总有淡淡的苦涩之味。为生活换一杯水吧，这样；当那些花瓣在温水里浸润并重生的时候，你就会喝出槐花蜜的味道。日子，也会向着有花的地方赶路。

（每子林）

青春碎了依然是青春

那时我已经开始学会扮酷。每天早晨会在镜子前面蹲上半个小时，细心打扮一番。有女孩子过来，我就会学着周杰伦的模样，高调着唱起"辣妹子"。

十六七岁的男生，单纯而又任性，总会抓住一切卖弄自己的机会，放任自己大把大把的青春。老师们在校园里看见我们模仿周杰伦，穿得光彩夺目，头发奇形怪状，就会板起脸来训斥一番。而我们，也会恭顺地低着头，"聆听"长者的教诲。但等他走后，我们就七嘴八舌地凑在一起讨论着老师的那点"丑闻"，直到心满意足才离开。

上物理课的时候，老师正在讲台上唾沫横飞地讲着功与动能的关系。邻桌的汤宇听着无聊，就给物理老师画起漫画来。刚画完，他就迫不及待地拿过来与我分享他的杰作。就在我欲惊呼的那一刹那，物理老师板着脸走了过来，而后命令他拿着自己的杰作在班上巡展。

回到课桌上的汤不安地等待着老师狂风暴雨般的冷嘲热讽。教室里沉寂了片刻，冷不防物理老师冒出一句："汤宇同学，你太高估我了，你老师我可没有这么帅呀。"

顿时，台下一片哗然，开始有人欢呼、高喊，那声音似乎要刺破天空。像一群被束缚了很久的狼群，呼叫着冲破牢笼，释放着自己青春的无穷能量。

我至今清晰地记得，那天一场由汤宇引发的"草绘革命"就这样拉开了帷幕。在我们那所被学习压得死气沉沉的高中，这场革命犹如一场台风，迅猛而又热烈。卷走了死寂，带来了生机。从那以后，我们会把自己喜欢的动物、花草、漫画人物画在自己的课本上、作业本上。更多的时候，我们会将那些自己心爱而又懵懂的图案刻在自己最心爱的MP4和手机上，而其中的寓意，只有物品的主人知道。

老师们也无力阻止这股青春潮流，只得任我们在书本上、作业本上胡乱涂鸦，只有平日里苦着脸的美术老师露出了难得的笑容。因为再也不用他吩咐，我们就会安安静静地作画，而不是吵吵闹闹地在课堂里下棋、聊天。那颗年轻躁动的心终于安静下来。那些绘满青春符号的作业本、课桌，就像一件件宝贝，陪伴着我们快乐地成长。

今年我又回到母校，又看到那一群散发着青春活力的男孩女孩。只一眼，我就能窥见那些躺在青春记忆里的碎片。也终于明白，自己一路向前奔走，却始终忘不了身后那段年少时光的原因。

不是不忘，而是不愿——不愿去遗忘那些躺在青春记忆里的碎片。

（郭超群）

你够努力吗

　　他是我表弟，出生于中国装饰之乡——山水武宁的一个偏僻山村。初中毕业那年，因考试成绩不理想，他只得选择上了县里的职业高中。考虑到将来的就业问题，他选读了装潢设计专业，毕竟武宁人在外面开装饰公司的人很多。从入读那一天起，他就决计要让自己成为装饰人才。志向带来的动力是无穷的，毕业那会儿，成绩优异的他，换来的是老师的赞许、同学的羡慕。老师们纷纷建议他南下广州谋求发展，因为那里有武宁人创立的大小多家公司，机会多多。况且，广州经济发达，发展"钱"景广阔。

　　然而踏上广州的沃土，他却切身体会了求职的艰辛，感悟了理想与现实的差距，哪怕是武宁人自己开的公司也不愿为他这个刚毕业的中专生提供一个就业机会。日子一天天过去，所带的盘缠眼见就没了，所幸的是，他最终说服了一家装饰公司的老板，老板给了他一个岗位——杂工，薪酬待遇就是管吃管住外加每月100元钱的零用钱。

　　他欣然接受，这样一个岗位也是他争取来的，他相信：只要够努力,机遇总会有。打扫卫生、提水、擦桌子,这是他工作的重点。没有任何的技术含量,他却一心一意地干着。空余时间,他还帮别人送材料、买水、买烟,并不觉得有什么委屈。

晚上,他留守在公司,这是公司给他提供住宿的地方,老板怕他晚上太过无聊,将单位一台旧电脑留给他用。但他总是利用少有的这个宁静,在电脑上练习图样设计,阅读专业书籍。

偶然的一次,他上厕所去了,设计的图样还在桌面上挂着,被回来取东西的老板撞上了,老板仔细看了看,颇为赞赏。

第二天,老板就让他干了见习设计师,虽然公司里其他设计师大多都是本科毕业,但他并不小看自己,每次总是尽力做到最好。帮客户设计图样,绝不因客户不懂而马虎了事,忽悠对方,总是要拿出客户最为满意的图样才肯罢手,虽然这样需要比别人付出更多的时间,收入也不增加一分,但是他不在乎,总觉得自己有的是时间,特别是晚上。有时客户把钱都付清了,他还是会走访客户,了解他们的真实感受,征询改进的意见,有时自己走进装饰场地,也会坦诚自己设计的不合理之处,绝不推诿。他的诚恳与服务,使公司业务量大增,请他设计的人也越来越多。

三年后,他在同事的羡慕中被提拔为副经理,当然也有风言风语,说他提升靠的是武宁人这层老乡关系。对此,他充耳不闻,更加卖力地投身到工作中,一定要拿出更好的业绩折服他们。

问起他成功的秘诀,他深有体会地说:"许多时候,我们只愿干分内之事，只愿干用人民币支付报酬的那份工作，但我们似乎忘了，工作的获得不仅仅是薪酬的多少，更深的意义在于你从中学会了多少，成长了多少。诚然，许多时候分外之事不能增加我们的经济收入，但增长了我们的才干，历练了我们的品质，甚至为我们的发展创造了机遇。我始终认为没有什么收获是理所当然而不需要付出努力的！"

（余华东）

领袖女孩领秀青春

2011年6月7日，美国华盛顿的"布鲁金斯学会"评选出全球最杰出的青年领袖，来自中国的美丽女孩马宇歌以高票当选，并作为访问学者，以牛津大学在读博士身份，前往美国参加人类环境与能源研究。

8岁时，马宇歌从全国八百多个小朋友中脱颖而出，考了第一，成为中央电视台大风车栏目的主持人。从此，小朋友们常常可以看到她那活泼、可爱的主持风格。从那时起，一个活泼、机敏的马宇歌就进入了人们的视野；10岁时，她就可以在大学里发表即兴演讲；13岁时，她一个人走遍了全国31个大中城市；17岁时，她以优异的成绩考入清华大学。在清华校园里，她是一个集体育、主持、小提琴演奏、绘画、歌唱、舞蹈等才华于一身的女孩。她的优秀事迹被选入我国中小学《思想品德》和《思想政治》教科书，深深地影响和感染了许多青少年。

2009年7月，马宇歌从清华大学毕业后，放弃了哈佛、斯坦福等世界著名学府的邀请，却选择了远赴印度新德里尼赫鲁大学读书。

对于她的这种选择，许多人感到不解。马宇歌说，一直以来，人们总是习惯于把英、美、澳、加作为留学的热门国家。其实，留学不是为了混一个洋文凭，更应该听从内心的召唤。从小，我就对世界文明发祥地之一的印度十分向往。

走在尼赫鲁大学的校园里，这里天人合一的自然环境和开放的多元素的学习氛围，深深地感染了她。她想，与中国一样拥有悠久的历史、灿烂的文化，极其丰富多元化的印度，肯定能激发外来青年的创造力和想象力。那一刻，她深深地感到，尼赫鲁大学就是最适合她的大学。

马宇歌所学的专业是区域发展研究，是全年级50名同学中唯一的外国留学生。要学好大学里的专业课，必须要通晓当地的印度语。于是，马宇歌主动向印度同学学习，甚至向路人、服务员、清洁工学习。凭着她的聪颖、机敏，很快她就熟练地掌握了印度语。

为了更好地了解印度，融入印度这个社会中去，马宇歌经常走向印度的学校、机关、工厂。她利用暑假的机会，前往印度东北部农村调研，走访了许多乡村、家庭，和印度百姓有了直接的接触和了解，考察结束后，她写出了长达12000字的调研报告：《露娜的故事——印度阿萨姆邦乡村考》。学校老师称赞是填补了印度乡村文化的一项空白。

在印度留学期间，她还撰写了许多文章，利用她熟练掌握的中、英、法、印度语等多种语言，发表在世界许多国家的报纸和杂志上，全方位、多角度地介绍了印度文化，中国驻印度教育参赞感谢她为中印两国人民所做的无私贡献。

马宇歌在尼赫鲁大学所表现出来的天赋，被日本松下株式会社发现。他们跑到印度，特邀马宇歌参加关于能源问题的市场研究。马宇歌应邀利用课余时间搞出的研究报告，被对方重金收购，认为极具科研学术价值。

很快，马宇歌被牛津大学相中。牛津大学区域发展规划研究专业在2010年4月向马宇歌发出书面通知书，邀请她去硕博连读。2010年9月，马宇歌走进了牛津大学，开始了她新的征程。在牛津大学，马宇歌继续"一路高歌"。她的文、理、哲、综合素质，以及良好的人文素质，加之具有过硬的社会调研能力，注定让她在牛津大学也是一道亮丽的风景线。

（李良旭）

每个年轻都用错误铸成

　　早上刚打开MSN，一位好友的信息就跳了出来："实在忍不下去了，我要辞职！给我点建议吧！"

　　于是，我发信息给她："如果离开能使你的内心平静，那就是一种成功。"她又问："这个单位待遇还是不错的，现在工作这么不好找，我担心辞职会是个错误……"我笑了："你不是已经觉得待在这里是个错误了吗？"过了一会儿，她发来一个笑脸，说："我发现，我的过去全是错误。"我送给她一句黑曼的诗句："不要犹疑，亦无须畏惧，每个年轻都在错误中远行……"

　　写下这句诗的时候，往事呼啸而至，我竟在瞬间迷失。

　　我的职场历程，可以用"错误铸就"四个字来形容。从2004年大学毕业至今，我不断地入职、辞职、求职，重复着发现错误、认识错误、纠正错误的过程。但我始终相信：我一定会找到最适合我的舞台。哪怕经历了那么多的错误选择，它也一定存在。

　　我的坚持，源自第一份工作的收获。尽管，现在看起来它仍是一个错误。

2004年2月，大学尚未毕业的我通过重重考核，从几百名应征者中脱颖而出，加入了一家很有名气的期刊社，成为一名媒体人。作为一名新人，我努力思考、勤奋工作，不断想出一个个让老编辑拍案叫绝的策划点子，写出一篇篇颇受读者欢迎的稿子。我的表现让同来的四个年轻人叹服不已，短短两个月时间，我的发稿量和优稿量就超过了资深编辑，在整个编辑部名列前茅。

但是，我发现，领导似乎对我的努力和成绩视而不见。而更离谱的是，虚心向老编辑请教业务知识的我，总被他批评"跟某人走得太近，搞小团伙"。接着，我的工作出现了可怕的怪现象：我越努力，我的发稿量越下降！

那段时间，我迷惘到了极点，完全不知道努力的方向。见我如此痛苦，一位仁厚的老编辑道出了真相。

原来，这个外表光鲜的杂志社已经是明日黄花，内部分崩离析，各派暗斗；外部市场萎缩，发行崩盘。领导无力回天，为了扭转自己渐趋孤立的劣势，所以才对外招聘了几个"自己人"。至于他口中"必将成就美好未来"的我们，只不过是负责为他的年终考核投"赞成票"的"救场小英雄"。而等待我们命运的，就是在考核过后被以"精减人员"为名辞退！

当真相揭晓、梦想破碎的那一刻，我痛苦得说不出一句整话，只机械性地喃喃自语："这真是个错误，真是个错误……"那位老编辑在我的肩头用力拍了一下，看我清醒了许多，他语重心长地说：

"你年轻，没有什么错误不能修正。对你来说，错误恰恰是一种考验，就看你能不能在错误里作出正确的选择。记住，对自己负责的人，从不怕犯错误。每一个到达天堂的人都从地狱里走过！"我细细咀嚼着这些话，重重地点了点头。

第二天，我就提出了辞职，然后开始了长达四年的动荡历程。每当我作出了错误的选择，我都会想起老编辑的那些话，然后以负责的态度逼自己重新开始。直到三年前，我加盟这家无名的小杂志。我庆幸找到了自己的舞台和奋斗方向，三年过去了，杂志已经小有名气，而我也成了它的执行主编，我们一起经历了精彩纷呈的成长。

每个成功，都浸满泪水；每个年轻，都用错误铸就。而我们要做的，就是当机立断，大步向前，不犹疑且不埋怨。走过地狱，天堂便胜利在望了。

（朱国印）

你是亚马孙的一只蝴蝶

唐小白一低头，看见了一样东西。

倏然间，他的心慌乱起来。此刻，楼道里空空的，只剩下他的脚步寂寞地回响。他被眼前的东西吓了一跳——那是一叠折得整整齐齐的钱，静静地躺在楼梯的角落里。

唐小白捡起来数了数，整整300块。他向四下里扫视了一下，楼道里看不到一个人影。他慌乱地跑回宿舍，又慌乱地躺在床上，捂不住自己的心跳。长这么大，他第一次捡到这么多的钱。一个念头倏地钻进他的心，留下这些钱。是的，如果留下来，可以够他两个月的生活费了。但，另一个念头也在撕扯着他，这是别人的钱，你怎么能昧良心地留下？

第二天上午，唐小白打败了另一个卑琐的唐小白，他迎着明媚的阳光走向学校教务处。很快学校就在大会上表扬了唐小白，高音喇叭凶悍地把他的名字塞满了校园的每一个角落。

接下来，迎接他的不是仰慕和崇拜，而是同学的奚落和嘲讽。甚至有好事者为300块钱开列了详细的购物清单，满满一页。

唐小白有些招架不住。

他去找班主任诉说，班主任立即反映给了校长。校长号召全校立即展开关于这件事的大讨论。一时间，几乎学校所有的宣传阵地，都被这轰轰烈烈的讨论占据了。

不过，讨论很快就倒向了一边。傻子都明白，唐小白的做法是伟大光荣而正确的。然而，校长似乎并不想草草结束。校长说，讨论一定要深入到灵魂。

高考倒计时100天宣誓的那一天，学校在操场上同时举行了隆重的成人礼大会。会上，校长为大家讲了一个他自己的故事：

我上中学的时候，是20世纪80年代初。那是一个夏天，我正在大街上走着，身边骑过一辆自行车，就在它经过我身边的一刹那，掉下一个纸包来。纸包里包着钱，一共26块8毛。在那个年代，这是很大的一笔钱。我把它捡起来的时候，如果当时追几步，或许会喊住那个人。但那一刻，我心里犹豫了一下，就这一瞬间，自行车已经离我很远了。从背影看，骑自行车的是一个妇女，急匆匆的样子。

我没有把这个事情告诉父母，也不敢花那个钱。过了些天，母亲和父亲交谈，说她们单位的一个同事借钱给女儿看病，结果钱丢了，女儿的病没看好，还耽误了高考，而她自己，也急得生了场大病。

我当时脑袋嗡的一声，没敢问母亲她的同事丢了多少钱。多年来，我一直认为，我就是捡到她钱的那个人。我没想到，不送还这笔钱，竟然会给一个家庭造成这样的一场灾难。

今天，我给大家讲这个故事，一来想表达我的忏悔，二来想告诉大家，任何美德的丧失，或许都会引起一场灾难。大家都知道"蝴蝶效应"，说亚马孙流域的一只蝴蝶，扇动一下翅膀，就会引起美国西海岸的一场飓风。是的，在今天举行成人礼的这个庄严时刻，我想让每一位即将成人的同学明白：你已经是亚马孙的一只蝴蝶，你成长道路上的每一步，如果缺失了美与善，或许都会在不经意间，给自己、他人乃至社会造成影响，甚至是一场灾难。

不要忘了，你已是一只举足轻重的蝴蝶！

又一个晚自习结束，唐小白走在空空的楼道里，他想起了校长说的那句话。他张开双臂，小心翼翼地做了一个扇动的姿势。那一刻，他觉得，长大是多么神圣的一件事情。

（马德）

没有文凭的大师

　　史学大师陈寅恪，毕生没有获得任何文凭。陈先生被人们尊为"教授之教授"，而他本人终其一生连个"学士"学位都没有。抗日战争后期，他侄子陈封雄曾经问他："您在国外留学十几年，为什么没得个博士学位？"陈先生回答："考博士并不难，但两三年内被一个专题束缚住，就没有时间学其他知识了。只要能学到知识，有无学位并不重要。"陈先生国学基础深厚，国史精熟，又大量汲取西方文化，故其见解，多为国内外学人所推崇，成为没有文凭的大师。

　　钱穆是历史学家、国学大师，但他从未读过大学，最高的文凭仅为高中（尚未毕业）。通过十年乡教苦读，他探索出一套独特的治学方法。1930年，因顾颉刚的鼎力相荐，才让他离开乡间，北上燕京大学，开始任国文系讲师，从此走上高校教书之路。钱穆在走向大学讲台前，先做过10年乡村小学教师和8年中学教师。在这18年中，他笃志苦学，读书极勤，"未尝敢一日废学"。钱穆一生著书立说，达一千七百万言之多。钱穆说："我把书都写好放在那里，将来一定有用。"因此，钱穆是完全靠自修苦读而在学术界确立地位的一个学者。

　　华罗庚上完初中后，因家里无力再供他上学，只得辍学到父亲的小杂货店里帮工。可这个酷爱数学的年轻人，人虽然守在柜台前，心里经常琢磨的还是数学。1932年，年仅22岁的华罗庚被慧眼识才的熊庆来接进了清华园。后来，清华大学破格任命他这个初中毕业生担任助教，让他教微积分。这在这所大学是史无前例的。1950年的一天，这位已担任了中国科学院数学研究所所长的著名教授，在填写户口簿时，在"文化程度"一栏里写了"初中毕业"四个字。这虽然让许多人惊讶不已，却是事实：他的的确确只有一张初中毕业证书。这位数学大师的数学知识，几乎都是通过自学获得的。

　　金克木是著名文学家、翻译家、学者，被誉为"燕园四老"之一，学历可不怎么样，他只上过一年中学，论文凭，不过是小学毕业而已。小学生能成为一代大家，自然是奇才。不过在金克木那里，更看重的，不是所谓学历，而是自学的精神与动力。后来，金克木在北大图书馆当馆员，他利用一切机会博览群书，广为拜师，勤奋自学。此时借书条成为索引，借书人和书库中人成为导师，他白天在借书台和书库之间生活，晚上再仔细读借回来的书。当后来人们惊叹金先生如此博学多才，怎能想得到这个当年北大图书馆的小职员，竟是如此这般进入到知识与文化海洋中的呢？

　　启功是著名教育家、古典文献学家、书画家，其学历仅为初中毕业。学历不高，让启功求职碰了不少钉子。当时担任辅仁大学校长的陈垣，看了他的文章和字画，颇为欣赏，便介绍他到辅仁大学附中教一年级国文。可当时的院长以其学历不达标，两次把他辞掉了。陈垣第三次安排他教授大学一年级的国文，终于给他铺平了通往大学讲坛的道路。启功曾多次对人说："我没有大学文凭，只是一个中学生。"没有经过大学教育的正规训练，这是他的不幸，更是他的幸运。因为这样一来，他就没有任何学院教育的框框束缚，学杂诸家，不主一说，随心所欲，始终保持着自由自在的思维本色。

（张光茫）

今天谁令你动容

　　下面的故事，是各国网友分享的亲身经历。一年365天，每天我们都有可能遇到令自己久久不能忘怀的人和事。今天，谁令你动容？而你，又把感动给予了谁？

　　今天，在圣地亚哥市中心，我看见一个墨西哥人因他的种族受到了戏弄而哭泣。当他离开办公楼，脱下工装的时候，我看见了他里面穿着的T恤，上面赫然写着：我爱美国！

　　今天，我采访的对象是一位身患绝症的女士。我小心翼翼地措辞，希望她能感觉好些："那么，每天醒来，知道自己即将离世是一种怎样的心情？"她笑着回答我："每天醒来，假装自己不会死去是一种怎样的心情？"

　　今天，过去经常睡在我们公寓附近的流浪汉敲响了我家的门。他穿着10年前我送给他的西装对我说："现在的我，有家，有工作，而这一切都是因为你。10年前是你把这身西装送给我，我穿着它到处去面试。是你送给了我新的人生，谢谢你。"

　　今天，当我打开店门的时候，发现地板上躺着一个信封，里面放着600美元，还有一张小纸条。纸条上写着："5年前，我闯入你的商店，偷走了价值300美元的食物。当时我走投无路，做出了自己最不齿的行径。今天我连本带息还给你。"我拿着纸条认为自己当年没有报案的选择是对的，因为我想一个只拿走了食物的人，一定是出于无奈才偷窃的。

今天，我发现了爸妈回家越来越晚的秘密。为了凑足我们姊妹三人的大学学费，原来他们都多打了一份零工。老爸拍着我的肩膀说："有时间你们多学些自己喜欢的东西，为了供你们读书，别说两份工，三份老爸也愿意干。"

今天，在消防站值班72小时后，走出大门的我被一个女人抱住了。我很紧张，不知道发生了什么。她察觉到我没认出她是谁，于是含着眼泪对我说："记得吗，2001年的9月11日，是你把我抱出了世贸中心。"

今天，是我和老伴的50周年结婚纪念日。她拉着我的手，深情地对我说："如果上天让我更早一些遇见你该多好。"

今天，早晨7点我觉得身体很难受，但是因为急需钱用，我还是咬牙坚持去上班。下午3点，老板说我被解雇了。开车回家的路上，我的车胎扎胎了。我换上了备用轮胎，发现也不能用。一个开着宝马的人从旁边经过，搭了我一程。在聊天过程中，他了解了我的情况并给我提供了一份工作。

今天，我们家旁边的小区发生了火灾，一个12岁的男孩被烧死了。在死前，他先是把妈妈拉到了安全地带，然后又奔回去抢救自己5个月大的妹妹。

今天，去大学的路上，我的电动轮椅坏掉了，正在我为即将开始的期中考试着急的时候，两个女孩注意到了我的情况，她们走上前来问能为我做些什么。当我把考试快要迟到的情况告诉她们之后，女孩们使劲把我推到了学校。刚进门，考试就开始了。

伸出你的手，世界是一个圆，而不是一个孤立的有棱有角的多面体。你举手之劳的价值，将足以撼动整个世界！

（董晨晨　编译）

打　　靶

　　15岁的时候，小明只身游荡到了这座城市。一无所有的他，经过一番辛勤打拼，买了房子，成了家。房子，是小户型，可别人住上了豪宅。好不容易，小明换上了宽敞点的房子，可别人有了小车。小明好一阵猛追快赶，终于有了小车，可别人有了宝马。

　　小明的脚步老是比别人慢，拖在后面，追得好累。

　　小亮说，和我比，你应该感到满足和幸福！

　　小亮是一起和小明来这座城市打拼的儿时朋友。他靠着一个早点摊子，维持一家人的生计。没有房子，过着漂浮不定的租房生活，但小亮生活得很开心，还报名参加了市内的业余射击队。

　　小明就是想不明白，小亮为什么活得如此开心。

　　一段时间，小明觉得身心俱疲。于是，他开着小车到郊外兜风。在郊外，小明看到了小亮在练习打靶。小亮神情专注，瞄着眼，弓着身子。"嗖"的一声，打出的子弹如离弦之箭射中了靶子，旁边的人都跟着喝彩。小亮笑得合不拢嘴。

　　小明也有些手痒，停了车，走到小亮的靶子前。一看，小明惊呆了，小亮射中的都是九环，十环，就连八环都很少。小明接过小亮手中的枪，连打十发，成绩最好的是七环。小明疑惑地望着小亮。小亮没搭话，将靶子往近挪了25米。小明又是连打十发，成绩却是出奇的好。小明的脸上，终于露出了笑容。

小亮接过小明手中的枪，意味深长地说："射击的快乐是击中了目标！把目标定低点，离自己近点，实际点，击中目标的机会就多些，快乐就时刻陪伴着我们。你不老是责备自己活得很累吗？生活也一样。"

小明明白了小亮的意思，幽默地说："小亮，你这靶打在了我的心槛上！

（柯玉升）

当你受到委屈时……

    在现实生活中，常常有这种情况：本来应得到的东西，偏偏阴差阳错，没有自己的份儿；本来不是自己的问题，反而被扣在自己头上，又有口难辩；本来好心好意替人办事，可事没办好，人们放风说"黄鼠狼给鸡拜年，没安好心"……每到这时，难免感到有一肚子委屈、怨气、不平。

    受了委屈，人们本能的反应是采取行动，使倾斜的心理恢复平衡。不同性格的人有不同的表现和处理方法，通常性格刚烈的人，不甘吃亏，眼里揉不得一点沙子，他们会跳将起来，与给自己委屈受的人公开对垒，找回公道；而性格懦弱者则往往采取忍让方式，把泪往肚里咽，自己吃亏受屈，以求息事宁人。从实际效果来看，前者太"刚"，有时还没有搞清楚问题的真相，就和人家发火动怒，常常把问题复杂化，得罪人，对人对己都不利。而后者过"软"，没有原则性，委曲求全，结果难以保全，反而更受人欺辱。显然，这两种处理方式都存在一定的不足，易于影响人际关系，并非上乘之举。

必须指出，造成人们受委屈的原因是复杂的，有的是有意的，也有的是无意的，还有的是误会造成的，情况不尽相同，不可一概而论、简单从事。正确的态度应该是善于从实际出发，区别不同情况，有的放矢，采取恰当方式加以处理，把问题解决好。具体说来有这样几种情况：

情况之一：当由于社会历史原因造成一些人受委屈，并非哪一个人的责任时，受委屈者应正确认识、理解委屈，坚持高姿态，以宽容忍让的态度对之。

有时，由于政策等原因，可能使一些人受委屈，比如，在过去的岁月里，有的人被错误地打成右派，有的被无端地批斗，蒙受了冤屈。但那是时代造成的，是政策的失误，并不是哪一个人的错误，有些整人的人也是执行上级的政策，所以不能完全把账记到他们头上。受了委屈的人应理解当时的背景，正确看待别人的失误，对于委屈不必耿耿于怀，表现得宽容一点，不计较个人的恩怨，自觉地化解恩怨，与整过自己的人继续合作共事。如曲啸就是这样，他被投进监狱12年，蒙受委屈，但是他始终有坚定的信念，能正确理解这一段不公正待遇，做到了"心底无私天地宽"。出狱后，他照样积极工作，对于整过自己的人并不记恨，表现出很高的思想境界，为人们所称道。

在日常生活处事中，也有一个正确对待受委屈的问题。比如，有一家的婆婆本来对儿媳妇很关照，买东西先给儿媳，后给女儿，有时甚至不给女儿。可是儿媳仍有偏见，说婆婆偏心眼，向着自己的女儿。婆婆感到委屈，女儿更感到委屈。在这种情况下，女儿体谅妈的难处，为了家庭的和睦，她宁愿自己受委屈，也不叫妈妈为难。她坚持高姿态，对嫂子的不当言行表示理解和忍让，在财物上主动放弃一些要求，叫嫂子占便宜，从而维护了家庭的和睦气氛。

这种顾全大局，自觉承受委屈的精神是值得倡导的。这样做可以维护全局利益，有助于赢得公众舆论的良好评价，并表现了自己的高尚品格，因而受到赞扬，在道义上使自己成为胜者。

情况之二：当由于误会或情况不明而受了委屈时，可以实事求是地向当事人说明事情的原委，使对方纠正失误，以求得公正的待遇。

有时候，对于误会造成的委屈，如果自己认为没有必要保持沉默，就应该通过适当的方式说明真相，促使问题得到圆满解决。比如，某建筑单位几个民工在外面酗酒打架，领导当众提出批评，并给以扣发奖金处理。可是其中有一位并未参与，当时他是路过此处，见他们酗酒打架，过去劝阻而被对方打了。领导没有搞清楚情况，结果把他也捎了进去一起处理。他感到很委屈就主动向领导如实反映了当时的情况。领导弄清情况之后，撤销了对他的处分，还向他道了歉。

当然，有时虽然受了委屈，但由于事情较复杂难以说清楚，如果自己直接出面解释未必使人相信，也可以由他人代为公正客观地反映问题。有一个战士请假外出，因为途中帮助一位乡下的老大爷找自己的儿子，没能按时回营，迟到了两个小时，受了处分。他知道不管什么原因迟到了受处分是应该的，但还是感到有一点委屈，又没有办法说清楚。没想到，几天后那位老人找到部队来表示感谢，连队知道了事情真相，撤销了对他的处分，还表扬他助人为乐、甘当无名英雄的品质，号召全连战士向他学习。

从上述实例不难看出，只要对方不是有意整人，把情况说清楚了，误会消除，问题并不难解决。

情况之三：当有人蓄意整人，或公报私仇，使你蒙受委屈时，就要进行必要的斗争，以维护自己的名誉、权益。

面对蓄意打击、欺侮，如果采取忍让态度，接受这个事实那是怯懦的表现，一味委曲求全，反而难以保全。这时，就应该勇敢地站出来展开说理斗争，分清是非曲直，讨回公道。有一位经理被一位职员揭发有经济问题，他便怀恨在心，利用自己手中的权力对揭发者打击报复，借口"搞宗派"而撤了他的组长职务，并扣发其奖金。有的人劝这位组长受点委屈，向经理认个错算了，人在房檐下，怎能不低头？这个组长认为自己没错，不吃那一套，他继续向上级反映问题，终于引起了上级的重视。不久上级派了调查组来作处理，经理因经济问题而受到处分被调离，这个组长的冤屈得以昭雪。

需要指出的是，有意整人的人大多心术不正，心胸狭窄，报复心强。因此，与他们较量时，既要有敢于斗争的勇气，又要注意讲究斗争的策略和方法，坚持有理有利有节的原则。像这位组长依靠组织，通过正常渠道反映情况，解决问题，就很得法。如果只是敢于针锋相对地斗争，而不讲方式方法，后果往往不好。有一些人就是这样，他们受了委屈，心里不服，情绪冲动，便当面破口大骂，公开对垒，看似激烈，但并不解决问题，反而使自己失了理，陷入被动之中。这是不足取的。

（久之）

"锋芒"放在哪里？

　　处世不可锋芒太露，又不可锋芒不露。锋芒不露，可能永远得不到发展的机会，锋芒太露，或许能取得暂时的成功，但更会给自己埋下深深的危机，不能成就大事业。锋芒放在哪里？这是每个人都在思索的问题。

　　锋芒外露要适可而止，不可随意毕露。锋芒毕露造成的悲剧实在太多，世人时常感叹杨修之死，杨修确实很有才华，能看懂许多别人看不懂的东西，能猜透别人猜不透的东西，但他不知道如何收敛锋芒，任锋芒四处招摇，不择场景滥用自己的聪明。曹操本性多疑，借梦杀侍者，杨修指着死者棺材说："不是丞相在梦中，只是你在梦中罢了。"杨修猜出曹操本意，自然对曹操熟悉至极。可既然熟知曹操本意，事后的说法又于事无补，又何必锋芒毕露呢？曹操与蜀军作战时，曹操因对碗中鸡肋生感慨，杨修便叫军兵收拾行装，既然杨修看出曹军必退，任曹军自然撤退便是，又何须画蛇添足，非要锋芒毕露不可？杨修不会收敛锋芒，把锋芒用在小事情上，不过是小聪明而已。杨修不会把其锋芒用在大事情上，对外不能帮曹操克敌制胜，对内不能帮曹操安邦定国，却一而再再而三地用锋芒刺痛曹操。曹操以前不杀他，是想表现自己的气度，既已不能忍，又有借口杀他，曹操还有什么犹豫的？

锋芒太露，得不到别人的支持，你做成事情，别人心里不痛快，并不信服你；可藏起锋芒，一事无成，别人幸灾乐祸，你处境艰难，做事举步维艰。这使人想起两只刺猬的故事，离得太近会刺得彼此伤痛，离得太远找不到难得的和谐。可见，锋芒不可伤害他人，更不可淡化至无。某君毕业留在广州，满腹经纶，尽是理想，可生活里的人与事完全不像书上所说的那样，而他对社会的复杂性毫无体验，做事无所畏惧，说话无所遮拦，不知道收敛锋芒，结果处处碰壁。面对生活的教训，他自我总结：处世不能露锋芒。后来他调到新单位，奉行这套处世哲学，上怕冒犯领导，下怕得罪同事，事事听别人的。岁月是无情的，他不思有所作为，别人会给他机会吗？大好时光错过，等他再想做事时，却很难找到年轻时的激情。他从一种悲哀走向另一种悲哀，这注定他这辈子无所成就。

把握锋芒，首先要平静地对待生活：要有所为有所不为，做事情要分清主次。人不能什么事情都在乎，对自己不必在意的事情，又何妨冲淡些？做自己喜欢做的事情，做自己能做的事情，不必在各方面都计较。孔子是思想家，可有谁听过他是武学家？如果他执意要和别人在武学上比锋芒，结局便可能是两头空。以淡泊的心境面对世事，人就会变得豁达，不会过分计较生活的得失，为不起眼的事情和别人闹不愉快，让人觉得你咄咄逼人，结果弄得"捡芝麻丢西瓜"。生活里总会出现不如意，人应该学会自我调整，把失意当作正常的事情，在失意里寻找发展机会。用平和的心态对待生活，人无疑会养成谦虚的好品性，懂得学习别人的长处，宽容别人的弱点。

处理好锋芒问题，还要注意与人沟通，人的感情是复杂的，尽管你时时留意不可锋芒太露，但有时还是会与人发生误会。你觉得没有锋芒毕露，有些事情可能让别人感觉你对他是有意冒犯，若让这种误会造成的不愉快沉淀在记忆里，是不利于处理好彼此关系的。主动与别人沟通，往往会引发别人的好感，让对方意识到这只是误会，且误会是来自自己的猜测。

锋芒其实是你语言行动给人的感觉，在生活里若能以诚待人，学会尊重他人，往往能未雨绸缪，淡化锋芒对人的伤害，有助于事业的发展。

（蔡泽平）

少年心事是一种痛

2011年6月22日晚，参加学生们的毕业晚会的时候，听了一个少年的倾诉。我终于明白：少年心事是一种痛。

少年说他非常喜欢一个女孩，并且把它叫作爱情。我说："但你还只是一个少年啊！你以为你真懂爱情吗？"少年不置可否地看着我，然后说："老师，你不懂我们的心。"我若有所思地看着少年，然后轻轻问他："你的心是什么呢？"少年不假思索地说："爱她，和她在一起。""但你不觉得这样会影响你的生活吗？会影响你的学业吗？难道你不明白少年时期最重要的任务就是好好地完成自己的学业吗？"少年点点头，说："这我明白，但如果我们相爱而没有影响学习，而是相互鼓励，一起努力不是更好吗？"

这时候，轮到我沉思了。我想：他真能够做到这一点吗？我是怀疑的。这也许是少年对爱情一种美好的遐想，他也许始终不明白：爱情实际上是一只猛虎，是很难驾驭的。弄不好随时会带来伤害，而少年的心过早地受到这种伤害，能承受得了吗？

我与少年一起慢慢走，夜空宁静，月光皎洁。少年却心事重重。

他说："我最想喝醉了。"我明白他的意思，因为那天的毕业晚会，
她没来。他说："喝醉了就没有伤心了，没有烦恼了！"我看着少年
双眉紧锁的愁容，心潮翻滚：其实他已经被爱情这只猛虎伤害了，
可他却全然不知。这种不知不觉的伤害就是爱情的一大特征。但一
个少年他怎么会懂呢？我想这里有一个原因，就是他已经过于放大
了爱情的美好，而忽略了爱情的痛。其实我并不否认爱情的美好，
也不否认爱情的积极意义，但"放大"就是一种不切实际的向往，
容易使人迷失。

　　我们经过一块稻田。我心潮涌动，指着田里的禾苗，让少年好
好看。不远处传来她们毕业晚会的歌声，但他也许什么都听不进去。
他口口声声说"最想喝酒"，想不到他却被我夺下酒杯，跟我走了这
么远，跟我聊了这么多，还念念不忘那酒，可这仅仅是酒吗？我突
然发现少年一下子变老了，原来一个人经受了一种本不该经受的东
西是最容易变老的，这种过早的伤害是巨大的，但他却说"不会影
响学业"。他还只是少年啊！我真有点儿力不从心，我再次鼓励他好
好看着田里的禾苗。

　　他终于看了。我说："成长中的禾苗是那么美好，那么可爱，但
它身边的杂草一样绿油油、雄赳赳，更加可爱、迷人、美好。于是
有人便把心思给了杂草，把养料给了杂草，把呵护给了杂草，让杂
草长势更旺，而禾苗呢？这最该呵护与珍惜的东西却被慢慢地忽略
了，渐渐地遗忘了……"少年若有所思地看着我。我笑了笑，说：

"少年时期的你们就是那禾苗，而杂草呢？就是少年时期的爱情。杂草阻碍了禾苗的成长，而你却把它来呵护。"

少年静静地看着稻田……夜风凉爽、月光静谧，不远处的毕业晚会上传来同学悦耳的歌声："曾经多少次跌倒在路上，曾经多少次折断过翅膀，如今我已不再感到彷徨，我想超越这平凡的生活，我想要怒放的生命，就像飞翔在辽阔天空，就像穿行在无边的旷野……"

少年啊，其实你们就该如歌声那样，可你却被早来的爱情迷惑了、迷糊了，放下它，也许你的生命才能回复朝气与力量、诗意与美好……

（曹炜明）

成长最快乐

  在这个世界上谁最快乐？为回答好这个问题，英国的一家报纸曾举办过一次征答活动，最后评选出来的四个最佳答案是：正在用沙子堆城堡的儿童；作品刚刚完成，吹着口哨欣赏自己作品的艺术家；为婴儿洗澡的母亲；千辛万苦开刀后，终于救了危重患者一命的外科大夫。

  当然，最佳答案可能不止这四个。不过，更有意义的是，我们应该多想想这四个最佳答案中的人为什么能够那么快乐？在我接触到的答案当中，最让我意外的是有人从中概括出同一个原因：因为能够不断成长，所以他们最快乐。

  具体讲：儿童用沙子堆城堡，实际也是在培养自己的想象力，一个想象力得到成长的人当然是快乐的；对于一个艺术家来说，能创作、能创造，当然也是在成长。一个具有宝贵的原创精神，在创造的成果中见证自己成长的人怎么会不快乐？为婴儿洗澡的母亲，其中成长的意味就更明显了，婴儿本身就在爱中不停地成长着，而献出爱的母亲，她会再一次成为"孩子"，陪伴婴儿一起成长，这种成长无疑是人世间最美丽、最快乐的事情；至于救人一命的外科大夫，他是靠智慧和劳动确保了病危者生命的健康成长，同时也让自己的医德和医术在担当和奉献中得到了一次成长的机会，这种快乐无疑是幸福和光荣的。

用成长来解释快乐，用成长来追求快乐，还有比这更好的解释和做法吗？看似出人意料，实在是懂得了快乐的真谛，才会给人带来如此睿智、美好的启示，帮助我们发现原本存在的一种事实。

成长最快乐，因为这是每一个生命都能够做到的事情，是合乎自然、无须任何负担的事情，是既不感到自卑，又不值得炫耀的事情。

让我们看看大地上的花草树木吧，当它们还是一颗种子的时候，就开始为成长作准备了。只要时机成熟、条件具备，它们就会悄无声息地钻出地面，心无旁骛、坚强不屈地进行成长，似乎在天地间再也没有阻碍它们成长的力量。

你看，在小草身上压上一块巨石，它照样会在黑暗中曲折着成长，直到在阳光下探出头，纵然用火烧它，它也会用顽强的生命力告诉人们"春风吹又生"。植物活一生，便是成长的一生、回报的一生。不管我们能不能看到，它们日日夜夜、每时每刻都在成长，很多植物甚至所需甚少，在恶劣的自然条件下同样在快乐而美丽地成长着，为大自然和其他生命奉献出宝贵的氧气和叶绿素，在天地间铺展出一道生命的风景线。

　　植物成长得如此顽强执着、蓬勃美丽，却一生谦卑、沉默，从来没有向谁炫耀过，更没有向谁索取过什么。它们在风中快乐地摇摆，只是为了感谢阳光；它们开出漂亮的花朵，结出饱满的果实，也只是吸引蜂蝶前来传粉和延续生命，利己也利他，为自己负责，也为其他生命乃至整个大自然负责。

　　所以，我们从来没有见过任何一种痛苦而绝望的植物，它们是大地上最欣欣向荣的奇迹。一想到有那么多植物在我们看得见和看不见的地方永不停歇地成长着，我们就应该感到快乐，并且通过它们知道什么才是真正快乐的成长。

　　花草树木能做到的，身为一种更有智慧的生命，我们更应该做到。当我们能够像堆城堡的孩子那样充满想象力，像艺术家那样富有原创精神，像陪伴孩子的母亲那样至诚至爱，像医德医术兼备的医生那样在勇敢的担当中淬炼自己，我们就是在不断地成长自己，而且是在不停地升华自己，哪里还有比这更快乐、更幸福、更值得坚持的事情呢？

（羲水羽衣）

我就是你的双腿

8年前，7岁的吕希庆和9岁的刘晓成为小学一年级的同学。因为患有先天性脊柱裂，刘晓下肢残疾。每次下课，他只能孤单地呆坐在教室里。那时候，天性善良的吕希庆就经常帮刘晓做力所能及的事——扶他上厕所、陪他聊天……就这样，原本陌生的两个孩子很快就熟悉了。

因为吕希庆的帮助和陪伴，刘晓第一次有了开心的笑，他的性格也渐渐开朗了。

每天上放学，刘晓都要妈妈接送。可一个下雨天，同学们几乎都回家了，刘晓却怎么也盼不到妈妈的身影。吕希庆看出刘晓的无助，他没有回家，他要陪伴着刘晓。天色越来越暗，看刘晓焦急万分的样子，吕希庆说："走，我背你回家！"

从这开始，他便开始背起了刘晓的历程。刚开始，单薄的小希庆背起比自己高大的刘晓十分费劲，摔跤更是常有的事。但小希庆为了保护刘晓，常常顾不得自己，胳膊、腿经常磕碰得青一块紫一块，回家却总跟大人说是不小心摔的。

　　后来，刘晓腿的病情加重，连慢慢挪动也不行了。从此，吕希庆成了刘晓的"腿"，刘晓想去哪里，吕希庆就背他到哪里。他对刘晓的妈妈承诺说："阿姨你放心吧，在学校我就是刘晓的'双腿'。"那年，吕希庆刚满10岁。

　　每天早上，吕希庆都会早早来到学校等刘晓，刘晓的妈妈把儿子送到学校，吕希庆就接过来，背着刘晓去上课。从小学到初中，他们一直是同桌，即使升年级，吕希庆也会要求坐同桌。吕希庆每天要帮刘晓做好多事情：交作业、买饭打水，背他去厕所、晒太阳，或者到操场上与同学们一起活动……

　　吕希庆对刘晓很细心。有次期中考试要到二楼去考，吕希庆就背着刘晓上楼，走到一半的时候就已经很累了，但他还是咬牙坚持，努力控制着呼吸平稳。待到教室把刘晓放下，他才转身出教室，"呼哧呼哧"大口地喘着气。同学问他怎么了，他说："没事，我怕刘晓看到我喘不上气来心里不安，影响考试。"

　　每天中午，吕希庆会快速打回两人的饭，然后让刘晓先吃，自己又去打热水。等打完水回来，饭菜都凉了。同学们说，吕希庆打饭比谁都快，他是怕刘晓饿着。一次他跑着回来，不小心与别人相撞，饭都洒了，可重新打回的饭却只够一个人吃。于是，他推说不饿，全让刘晓吃，自己却饿了半天肚子。

　　"开始我们都以为他们是亲兄弟。"吕希庆的同学薛连峰说，"但知道他们只是同学后，我们都对吕希庆肃然起敬。我也抢着背刘晓，但我们都比不上吕希庆！"

吕希庆和刘晓有个小秘密：考同一所高中、上同一所大学，然后到一个单位工作。人生路一起走是他们不变的约定。吕希庆说，要一直背着刘晓，当他的"腿"。

背着与自己无亲无故的同学，不图利，不图名。问及吕希庆对刘晓的帮助，他只是腼腆地笑着说："这些都没什么，我只是做了自己力所能及的事。别人都以为是我在帮助刘晓，其实刘晓表现出的坚强不屈、勤奋学习，一直都深深地影响着我、激励着我。"

吕希庆的关怀，让刘晓更加坚强，对未来也充满希望。吕希庆的轻描淡写，让刘晓忍不住补充起来："我是一个容易被感动的人，吕希庆就无数次地让我感动得流泪。他为了不让我摔着，他硬生生地摔破了腿；怕我难受，他摔了累了也从来不跟别人说。是他帮我摆脱了孤独寂寞，让我有了笑容，恢复了自信，是他改变了我的人生。"

"做面凹透镜，汇聚阳光，发射光芒温暖身旁。"这是吕希庆自我勉励的人生格言，也是他用自己的光芒带给同学温暖的真实写照。吕希庆说他并不奢求什么，他珍惜他们之间的友谊，他会一直这样背下去。

在学校的几千个日子里，几万次背起放下的反复，吕希庆用双脚丈量出了生命的厚度，用时间见证了兄弟的情谊！

（黄志明）

把图书馆办成"读书馆"

　　这所学校的图书馆堪称"三无"图书馆——无墙、无门、无岗。10万册图书统统躺在完全开放的书架上,在没有任何监控设施的宽松环境里,任由师生自助借阅。

　　当参观者走进这个"不设防"的图书馆时,无不感到由衷地震惊。

　　人们追着校长问:"你怎么不设图书管理员呢?"

　　校长乐呵呵地反问大家:"你们说,我这10万册藏书设几个图书管理员合适呢?"

　　有人答:"6个吧。"

　　校长问:"6个人一年的工资是多少?"

　　回答说:"30万。"

　　校长问:"我每年拿出30万养人好还是买书好?"

　　大家不吭声了。

　　有人小声问:"那你的书要是丢了怎么办?"

　　校长说:"书丢了是好事还是坏事?你可能说,丢书算不上百分百好事。但是，古今中外哪本书教人偷书了？没有吧。偷书，是因为受教育不够，多看书就是多受教育，受教育多了，反省的机会就多了，人的境界就上层次了，境界一上层次，就算是真的曾偷偷拿过书，也会悄悄放回书架。"

大家笑校长的推理有趣，问他："那你打算一年丢多少书啊？"

校长笑答："我打算一年丢30万元的书，要不，这30万元也得发了工资啊！我把这没有发下去的30万元的工资换成学生受教育的机会，多值啊！只要我每年丢书不超过30万元，我心里就挺平衡。"

又有人问："你查过吗？实际丢了多少书？"

校长说："一年过去了，年终盘点的时候，我们发现原来的10万册书变成了10万零6000册——瞧，我们的书会谈恋爱！多出来的书，是学生们给学校发的'被信任奖'。孩子们说，学校越是信任我们，我们就越是要对得起这份信任，我们习惯了把自己买的书看完后也放到学校的书架上，让它去漂流。"

这故事，发生在浙江郑州高级中学。这所学校的王校长有个梦想——把图书馆办成"读书馆"。

（张丽钧）

不做第一，只做唯一

　　22岁时，学设计专业的他来到北京创业，由于没有名气，很难从现有的设计市场里分得一杯羹。一天，他到北京的香河家具城去买一个衣柜，当他问老板有没有家具的宣传画册拿来看看时，没想到对方却说没有。

　　原来，当时整个北京家具市场里没有一家家具店有宣传画册，也没有一家设计公司愿意替他们设计和制作宣传画册。他灵机一动，觉得自己的机会到了，于是他便说道，那我帮你做一个宣传画册吧，保准会带动你的销售量。但没想到老板摇摇头说，我们没有这笔预算。他说，你不用花钱，用家具换就行了。老板一想，说那好吧。

　　果然，当宣传画册设计出来并且分发给消费者后，这家家具店的销量上升了不少。很快，其他家具店开始主动找他帮着设计画册。不久后，整个香河家具城里70%的家具店的宣传画册都是由他做的，让他狠赚了一把。

　　让他更没想到的是，不久后，"居然之家"的老总汪林鹏竟然亲自打电话找到他。原来，当时居然之家在挑选入驻的家具企业时，好多企业的宣传画册都出自同一个人之手，这让汪林鹏大为惊讶，便想见见这个厉害的人物。但等他来到居然之家时，没想到汪林鹏对他说，听说你设计做得不错，那就给我做一个名片吧，当时一盒名片只有20元钱，但他却干脆地答应了。第二天当他把名片送过来时，汪林鹏看后非常满意。但是他却说，汪总你们的CI（企业标志）设计得不好，汪林鹏一愣，说，那你给我们重新设计一个吧。就这样他接到了居然之家这个100万的设计单子，今天的居然之家就出自他之手。

此后，他跟"居然之家"合作了十几年的时间，他也因此被业界称为"家具设计策划第一人"。

2008年10月，他设计策划和组织第一届中国品牌节，但是如何选择举办场地却成了一个难题，因为场地既要有档次，又不能太贵。很快，他便想到了北京奥运会三大主场馆之一的国家体育馆。电话一打过去，对方说行呀，一天100万。挂上电话，他心凉了半截。但他又一想，收费这么贵，说明国家体育馆肯定是急于收回前期投入。

机会来了，他约到了时任国奥投资的董事长张敬东，聊天中他问，国家体育馆后期如何才能把之前的巨额投资给回收起来呀，张说，这正是自己一直感到头疼的问题，便请他帮着想想主意。他趁机说，如果能让中国10000名企业家、1000个财经记者、100个活动组织策划高手同时走进这里，那无疑是最大的宣传。张说，但是没有那么多钱去请啊，也不认识这么多人呀。听到张这样表示后，他心中暗喜，说，我搞了一个活动，规模很大，联合了一百多个活动组织策划高手，上万名企业家，还有近千名媒体记者。张马上表示那太好了，你得要到我这搞。他说，你们那100万一天，搞不起。张立即表示，不用不用，你来，只要能把国家体育馆的商业活动宣传出去。

2008年10月1日，第二届中国品牌节主会场在国家体育馆隆重举行，共1.6万多人参加，创造了国家体育馆赛后上座率的一个新纪录，成为赛后大型体育馆商业利用的典范，他也只象征性地交了些水电费。

他就是品牌中国产业联盟的秘书长王永，被认为是中国品牌事业的新领军人物和未来领袖。做不了第一，就做唯一，涉足同行未涉足的领域，整合自身的资源，王永为自己搭建了一座事业和财富的珠穆朗玛峰。

（徐立新）

忽略的，可能是最重要的

朋友是一位爱好广泛的人。从小学到大学，他一直是校篮球队的主力；也写些散文诗歌，报刊上常见他的名字；他熟悉五大联赛的各支球队，闭着眼也能数出任何一支球队的主力；他还喜欢园艺，对花花草草的属性了如指掌。可是他认为，这些都不重要。最重要的是，他希望自己能够在30岁以前，有一家属于自己的公司。

这个愿望是他上大学时产生的。那段时间他读了很多商业精英的成功史，他认为自己有着和他们一样的素质。为此他放弃了篮球、文学、五大联赛和园艺。假期里他不再回家，不再和女朋友花前月下，而是把自己闷在图书馆里研读商业书。他满脑子都是他的公司，他想这是他一生唯一的目标，别的，都可以忽略和放弃。

大学毕业后他真的有了自己的公司。可是那公司仅仅开了两年，就被他转让出去。因为某一天，他突然发现那根本不是自己的兴趣所在，他发现商场上的钩心斗角远比他想象中的复杂百倍。他不能够忍受无休无止的酒局，不习惯每天在担惊受怕中过日子。他的心找不到归宿，总有一种悬空的感觉。最终他狠心放弃了经商，回到老家。他在老家一待就是一年。

　　无所事事的他每天翻看书架上的书，慢慢地，他重新被那些厚重的文学作品所吸引。母亲给他搬来一个纸箱，那里面，收藏着他在报刊上发表过的所有作品。母亲说，不经商不要紧，你完全可以重新把文字拾起来……你已经发表了这么多。是的，其实他早就知道自己有这方面的才华，可是他总是将之忽略。以前，他不过把文学当成一种爱好或者消遣，开公司才是他的终极目标。现在他想，为什么不听母亲的，试着回到从前呢？说不定，文学真的是他生命中最重要的事业。

　　他发现自己很快进入一个美妙的世界。他终于发现写作才是他最快乐的事。他想，也许把很多事情一一经历，等重新转回来，才会发现一生中最快乐或最重要的是什么吧？

　　每天母亲给他做饭，给他收集报刊上的资料，给他安静的环境让他去写作；女友每个月来看他，给他带新上市的书，给他鼓励和信心。几年以后，他终于成为一位有很名气的作家。他的书一版再版，供不应求。他常常说，他一生中最重要的事业——写作，曾经被他忽略。不过还好，他及时找回了它。

　　什么是生命中最重要的？或许是事业，或许是爱情、亲情、友情……但毫无疑问的是，大多数时候，你正在忽略的，恰恰就是你最重要的。你所要做的，就是时时停下来，回头看看，并将它们找回来。

（周海亮）

不再是孩子

春天到来的时候，隐约间又看到母亲来到房间，她迅速拉开窗帘时架子发出摩擦后的短促声响，感觉时间的齿轮又好像加快了辗转的速度。我揉着惺忪的睡眼，母亲正在收拾昨晚我一个人躺在房间里看电影时吃剩下的花生和爆米花的碎屑，看到我醒了，她便朝我絮叨起来，"都这么大了，还像个孩子，不按时睡觉，专吃这些零食，以后怎么办……"

毋庸置疑，母亲是爱我的。在她眼里，无论自己长到多大，她都依然爱我。因为我是她的孩子，是她用骨头和血液分割出来送给世界的一部分。

"你怎么还像个孩子？"

一个简短的问句，是责备，是担忧，是关爱，或是羡慕，猜测不出。

时间从岸上出发，拖着陈旧的船板，在大海中央放下一枚锈色的锚。我在18岁以后的年纪里举目四望，发现这世界也在打量我，要说出什么，却始终说不出什么。

　　无聊时，经常翻看手机通信里滚动的友人名片，内心有一瞬间的冲动，想按下绿色的电话图标键，但却迟疑地把手僵持在半空，内心胆小得如同要被人揭穿掉什么。我的声音从小学五年级到现在始终没发生多大改变，偶尔接到友人从远方打来的电话，心中异常胆怯："真的是你吗？声音好萌呢！""嗯，一直是这样的。""你究竟几岁，真的是20吗？""是的。"心底浮现出来的数字很快就烧光了所有紧紧遮掩的树梢，这是时间放出的最大一场火。

　　是不是有一天，那些陪伴我们一生的数字，又会变成一把锋利的刀刃，没有任何表情地切开我们努力用童稚的容颜和声音伪装出的鲜红果实？

　　这个世界充满了秘密，也充满了一双双剥开秘密的巨大手掌。

　　不知什么时候起，我们都已经开始尝试着逃避和习惯逃避，用孩子的面容神情来对抗疯狂前行的时代和愈发残忍的时间。开始对着世界卖萌，以为那是单纯，用幼稚的谎话欺骗众人，以为会被原谅，时常跟镜子里的自己傻笑，以为自己依旧年少，穿着印有史努比或者超级玛丽的小衫，以为能和虚伪成熟中的另外一个自己划清界限。

　　哆啦A梦的时光机终究没有在这个世纪被发明出来，长大成人是地球运转中不能更改的律条。花朵激烈萌发的季节终究会老去，这个世界上没有哪一条道路会一直存在。

　　在《挪威的森林》里，直子曾对渡边说："希望你能记住我，记住我曾这样存在过。"

在越来越看不清楚未来纹路的世事里，一切都走得太快，一切都成熟得太早，苍凉是我们的宿命。而我们的身体里却还居住着一个孩子，他会告诉你，你曾这样存在过，也曾那样萌过。

在 18 岁以后的年纪里，抬头仰望树梢间偶尔露出的一隅晴空，阳光扑打在你圆嘟着嘴的脸颊上，你托着腮帮装可爱，幻想太空船、外星人、夏天的柚子茶、骑扫帚的哈利·波特和永远会被喜羊羊打败的灰太狼。

我们可以假装像个孩子，却早已不再是孩子。

（潘云贵）

后 来

　　"后来，学会了如何去爱，可惜你早已远去，消失在人海。后来，终于在眼泪中明白，有些人一旦错过就不在……"

　　后来，才明白，我所做的一切都不是那么妥当，若重来，发誓再也不会犯同样的错误。黯然、伤感与寂寞拘留了我的灵魂，孤独占据了我的心房，一度灰暗、悔恨的泪水在漆黑的夜晚悄悄飞舞，世间一切声响都凝滞，为我后来的明白忏悔。日出月隐，花开花落，四季轮回，人生历程再也不能往复，不再给我重新倒带的机会。谁叫人生舞台没有彩排的机会，每次演出都是现场直播。

　　后来，多么伤感的词。我们每个人都不曾逃离它的圈定。每个人看到它时，都会顿时打开记忆的闸门。

　　我们走过的漫长而短暂的人生路，每个人的决定或多或少有判断失误的时候。不是吗？不少人后悔当初的决定。一个选择，一个决定，走错了一生。在白发绕头时，悔不当初，为何不早知道呢？所以，我们多么希望有千里眼、顺风耳，能未卜先知。可这些，仅存在于我们的虚境中、梦幻里。不曾为我们所左右，不为我们所掌握。

不曾表白的一段美好恋情，在多年之后，在大头钢笔的笔套里，孙子将爷爷珍藏多年的信物弄烂才发现，一张泛黄的白纸上，传递着那个彼此心知的女孩写给那个莽撞少年的表白。年老色衰的爷爷捶胸顿足，为何那么含蓄，为何不向她表白，老泪纵横中浮现很多为何？不知找谁去求解。后来明白的一天，时光荏苒，韶华已逝。心里的那个她，亦不在那里等候。期盼他打开笔套的岁月，可是，这一等就是一生！后来，他明白，如果有来生，他不再害羞，他要勇敢，他要大胆地向心爱的女孩大声说："我爱你！"

　　后来，凌乱不堪的碎片散落一地，追悔莫及，黯然神伤，以泪洗面。生命中失去了，连阳台上的红牡丹也黯然失色。我转身走过一条条蜿蜒的道路，却始终找不到归去的方向。温暖，遥不可及。好像在漂浮，不知靠岸的方向，人生何尝不是在旅行，哪里才是最终的归期？会心的微笑，掳掠了一个人离心脏最近的位置，仿佛我们昨天又重逢。黎明与晚霞的重叠，各自已经不在原地，从此变成了两个世界。空气里，溢满着那些过往的甜蜜回忆，排山倒海般的窒息，充塞着我千疮百孔的年纪，我已经走上了一条不能回头的路。

　　后来，时常听到，假如我们有重新选择的机会，将如何如何。后来，终于明白，原来自己所做的一切，方向有问题、选择有问题、观念错误、运气有问题。可是，往事不堪回首，毫无办法，依依不舍那些过往却无奈地前行，奔向那个早就注定的归途，即便过程千差万别。深爱的人已不在，消失远去，找不到机会来挽回曾经，那

　　就在秋日的余晖中，一杯咖啡守候的午后，回味她给过的温柔，哪怕被时光消磨得仅仅剩下那么一丝丝、一滴滴，连着透明的呼吸，撕扯着变迁的伤痛。

　　人生不会重来，在记忆的深处寻找重来吧！为了有一个多彩的人生，我们错过了好多人生旅程别样的风景。因为自己不曾认真在意过，所以才后悔。为此，我们要多读历史，以史为鉴。为此，我们要多读故事，找寻经验，引以为戒。你在桥上看风景，看风景的人在楼上看你，我们要谨慎直播每一天。情感可遇不可求，冥冥中遇到了，彼此都珍爱，蹉跎岁月，切勿错过。

（娄义华）

往事并不如烟

犹记得那一日，是一个晴朗的冬日午后，我静静地站在窗前，读着那首华丽的诗《如烟》——

"有没有那么一首诗篇／找不到句点／青春永远定居在我们的岁月／男孩和女孩都有吉他和舞鞋／笑忘人间苦痛只有甜美。"

我又蓦然回想起那些不羁的岁月，那是我们曾经可以在大雨中无忧无虑嬉戏的年华，那时的我们看着彼此被雨水打湿的面庞微笑。那些潮湿的叶子散发出好闻的味道，那是属于我们这个年代特有的味道。我们放肆地挥霍着年轻的资本，放纵着数不清的年华，以为时光会永远停在这一年，不会改变。青春太长，我们不知道怎样去挥霍，所以每一天都用尽心思希望能把生命浪费得更有意义。

曾经以为，我们就会这样过完一辈子。

"有没有那么一种永远／永远不改变／拥抱过的美丽都再也不破碎／让险峻岁月不能在脸上撒野／让生离和死别都遥远。"

我眼前恍若浮起了那年夏天，那年的我们和那年的歌。那是2009年的夏末，已经懂得人情世故的我们面临着第一次离别。我纵然明白，如果没有离别，成长的美丽也将变得无所附丽，却依旧被七月的阳光灼伤。曾经坚守的诺言、曾经的过往，全都在七月的风中消散干净。突然发现，原来美好的东西总是既虚幻又脆弱，轻轻一碰就会裂成晶莹的碎渣。无论原来怎样，一个不经意转身的回首，一切都物是人非，直到那时候，我才明白心中所坚守的梦想，在强大的现实面前，脆弱得不堪一击。

时光荏苒，曾经的美好氤氲翼似的薄烟，越消愈散。

"有没有那么一滴眼泪／能洗掉后悔／化成大雨降落在回不去的街／再给我一次机会将故事改写／还欠了他一生的一句抱歉。"

回首那些离别，才猛然发觉当年彼此不经意的伤害，忘却了彼此当时因愤怒而隐忍的脸，忘却了曾经伤害的话语。事隔多年，回忆因不经意的将细节从尘埃中拾起而落泪，那些年轻鲁莽时的冲撞，那些青春气盛时的伤害，事隔多年后依旧会在寂寞的时刻直直撞击内心。

韶华易逝，过往的锥心伤痛，现在于我都是云淡风轻罢了。

"有没有那么一个明天／重新活一遍／让我再次感受曾挥霍的昨天／无论生命或生活我都不浪费／不让故事这么的后悔。"

无论青春多长，我明白，终将走到尽头。我总以为会有大把的时光握在手中，可以随意挥洒。可当我蹲在时间的长河旁，迫不得已张开双手时，看到的却只有错综复杂的掌纹和时间褪去后显示的浮华和无力。我顿悟，时光的稍纵即逝，也许就在一个回首间。我顶着滚烫的阳光，踩着树叶细碎的阴影时，那时光，就那么不经意地随着耳机里的音乐一点一滴流逝干净。

（龙倩如）

多门技艺多条路

　　"艺高人胆大，技多心不怕"，这句民间谚语，确是人们立身处世的经验之谈，是祖先们历尽生活万般艰辛后总结出来的警世箴言。

　　是的，人生在世，多门技艺多条路，技艺多了路好走。时下，下岗职工重新择业，说白了，即是重新找"饭碗"，而不少"饭碗"须有相应的技艺才能端得起、端得牢。毋庸讳言，计划经济时代的"铁饭碗"，使一批人丧失了主体意识，形成了对"单位"的依附关系，时间长了，使人变得平庸、不思进取、谋生本领退化、竞争能力匮乏，而如今，面临重新择业，日后何去何从，心中全然无底，于是难免惶惶然、戚戚然。实话实说，市场经济是无情经济，不相信眼泪，只相信本领。故此，没有本领学本领，有了本领凭本领，这确是市场经济条件下人们安身立命的关键所在。

　　重新择业就业，首先有个重新学本领、用本领的问题。现代社会远不止三百六十行，作为适应时代潮流的现代人，我们起码要精一行、会两行、学三行，这样，你才能在市场经济的大潮中游刃有余、沉浮不惧。比如一个工人，车、钳、刨、铣都能得心应手，还能干干电工什么的，这般多才多艺，走到哪里都不愁找不到一个属于自己的"饭碗"。在一些经济发达国家，遭遇失业的老外们，可不像我们一些同胞那样惊慌失措，他们冷静应付，默默担当起新的行业角色。两年前，报端就有过某国元首落选后干上船厂电焊工老本行的报道，不知大家可曾留意？

能否多才多艺，是一个国家国民素质高低的重要标志。著名作家龙应台旅居瑞士所写的随笔（《瑞士人》），生动而翔实地描绘了一名银行小职员的多才多艺，抄录于兹，读者不妨一阅："火车站里有个小小银行，我去把马克换成瑞士法郎。坐在柜台里的中年男人正在数钱，嘴里迅速念着数字，用瑞语念，和德语稍微有点儿出入，把钱交给瑞士顾客。下一个红发女人拿着一叠西班牙钞票，以西班牙语要求换钱。职员微笑着取过钱，用西班牙语与顾客交谈、数钱、欢迎她再来。下一个顾客用意大利语，拿了一叠里拉，职员像唱歌一样说着流利的意语，用意语数钞票……轮到我了，他顿了一会，等着我开腔，以便他决定用哪一种语言应对。我说了德语，他如释重负，用标准德语开始数钞票。我转身离去时，听见他正愉快地用英语问候下一名旅客'早安'……"这位银行职员的出色表现，给我们提供了一份颇堪深思的答案。时下，在我们周围，一方面大批人员无业待业，另一方面许多事情没人干，造成此种状况固然有择业观念陈旧的原因，更有本领欠缺不堪胜任的能力限制。看来，人们在今后的闲暇时间里，当少玩多学，让自己拥有一技或多技之长，以期适应择业竞争越来越激烈的社会现实。"生命短促而技艺长久"虽然是哲学家的一句废话，而在失业的时候技艺可以变成新的"饭碗"养家糊口，这可是千真万确令人羡慕的事实啊！所以笔者重申：

多门技艺多条路，技艺多了路好走——应该是人们恪守不渝的信条。

精一行、会两行、学三行——理当是人们安身立命的准则。

（李隆汉）

做一个成熟的人

　　成熟，是人的一种智慧、一种能力、一种力量，更是一种美的体现，所以，每个人都希望成熟。

　　成熟，来自阅历，来自感觉，来自读万卷书、行万里路；成熟，来自思考，来自训练，来自积累，更来自对酸甜苦辣的品味、对赤橙黄绿的识别；成熟不是圆滑，不是世故，不是江湖，不是城府，也不是"马屁精"。成熟是对逆境、困难、忍耐的毕业证书，它使人能选准自己在社会中合适的位置，修正人生的坐标，沿着无数台阶，走向那成功的殿堂。

　　人走向成熟，可以不断完善自我，战胜自我，提升自我，并善于认识世界，把握规律，透视未来。

　　成熟对个人而言至少应包括以下几个方面。

　　一、自知，就是认识自我，正确估计自己的才能和力量。不了解自我的人，就不能成为自己生活的主宰。人的自知之明，在于了解自己，充分认清自己选择的职业、目标、生活。成熟的人，总是知足常乐而又不失进取、淡泊名利而又不失追求；明白世上万物，都在变动中前行，且有"以今日之我战胜昨日之我"的勇气。

二、自控，即善于控制自己的情绪和欲望，得意不忘形，失意也不忘形。

然而在生活中得意忘形的事常有，失意忘形的少。最典型的例子就是《水浒传》里的宋江。因为失意，因为功不成名不就，他曾独自一人来到酒楼，举杯消愁，以酒浇愁，结果醉后兴起，居然题反诗于墙上，被官府捉了个正着！再试想，如果他善于自控，失意而不失形更不忘形，何来此难！倒是丘吉尔的自控很值得我们学习。"二战"结束后不久，在一次大选中，丘吉尔落选了。他是个政治家，对于政治家，落选当然是件极狼狈的事，但他却极坦然。当时，丘吉尔正在自家的游泳池里游泳，是秘书气喘吁吁地跑来告诉他："不好！丘吉尔先生，您落选了！"不料，丘吉尔听了，却爽然一笑："好！好极了！这说明我们胜利了！我们追求的就是民主，民主胜利了，难道不值得庆贺？朋友，劳驾，把毛巾递给我，我该上来了！"真佩服丘吉尔，失意时不仅没有"失形""忘形"，而且偏偏从容理智，只来了一句话，就成功地再现了一种极豁达极大度的政治家的风范！

人生常有不幸，失意的事也的确会常常发生。失意并不可怕，关键是，失意了别失态，别失形，尤其是别——忘形！

三、自尊：尊重自己，不歧视他人。

自爱：珍惜身体、才能、荣誉、时光，努力发挥自己的作用。

自信：有信心、有理想。相信自己，决不自暴自弃。

自重：做事不鲁莽，不草率，不感情用事，注意自己一言一行。

自立：不依赖别人，自己动手，自食其力。

自励：就是自我激励。人成功的动力之一是自我激励能力。在人的发展过程中，会面对成功和失败的各种挑战，失败时，要敢于直面挫折的痛苦，在自我激励中发现自己的优点，发掘自己的激情，从而树立起自信、乐观、豁达、远见的情感，发挥自己的创造性，不断给自己确定新的目标。

自谦：有才能、有成绩也不骄傲，时时刻刻谦虚谨慎。

自新：有缺点、犯错误不要怕，要善于自拔、自省、自新。

四、知人，即理解别人、平等待人，领悟对方的感受。知人，主要是理解他人，设身处地为他人着想。成熟的人，认识到别人大都和他一样有雄心壮志，他们的头脑和自己一样管用或比自己更缜密，成功的秘诀不是仅凭聪明而是靠艰苦的劳动和不懈的努力。成熟的人，善于支持和帮助那些刚在事业上起步的人，因为他记得自己刚踏上成才之路时，也曾显得手足无措。

五、协调，即处理好人际关系和善于组织管理。文明的人际交往是现代社会的需要。交往需要真诚相待，虚伪是交往的大忌。要想得到别人的尊重就要先尊重别人。追求自我，需要从接受别人个性开始，学会容纳别人，宽容别人，要摒弃"文人相轻"的陋习。学会协调，对自己事业的成功，对自己的生活多彩有莫大的帮助。

　　以上几方面中,"自知"是基础,只有"自知"才能"自控"和"自励";能"知人"善任,才能协调好各方面关系,才能发挥主观能动作用,创造一个和谐宽松的生活和工作环境。

　　成熟的人,最有可能有所发明、有所发现、有所创造,或有所作为、有所成绩、有所贡献……

　　金钱,是一种财富,但只会短暂拥有;成熟,也是一种财富,却能享用一生。

　　朋友,愿你做个成熟的人!

(章剑和)

人生的"第一桶金"

　　我高考落榜回到偏僻的鲁南乡下时只有17岁。走回尚未摆脱贫困的农村，我仿佛一下子跌进了无底的深渊，一向没有经历过磨难和挫折的我对自己失望极了，整天躲在那间小茅屋里胡思乱想，痴呆呆地不愿说一句话。那时，我不敢与父母面对面地交谈，怕自己脆弱的心因父母的某句话或某个伤心的表情而使眼泪一泻千里。父母也极少与我交谈，只是默默地为我做着一切。

　　一个月后，饱经沧桑的母亲看着深陷痛苦之中的我含泪说道："孩子，脚下的路千万条，只要努力去做就会掘出闪亮的金子，作为不怕吃苦的农家子弟，千万不能丧失追求的信心啊！"满含母亲殷切希望的话语无异于一串金玉良言，而我此后靠付出所换取的血汗钱，更是为我换来了成功的一桶沉甸甸的金子。这桶金让我充满了奋斗的喜悦和不懈的追求，并由此改变了我之后的命运，虽然当初捧着它时，我身上的伤痕还在隐隐作痛。

　　在母亲的劝说和引荐下，第二天中午我去村东见了初中时的同学强子，他刚从乡驻地的一个装卸队下班归来，面对他汗流浃背的背影，我看见他正低头喝着一茶缸凉开水，那"咕嘟、咕嘟"的喝水声，让我听到了一种无畏和刚强。强子读初中时学习成绩在班里一直名列前茅，初三下学期，他多病的父亲撒手而去，撇下他和身有残疾不能劳动的母亲。为了种地和照顾母亲，他在老师和同学们的挽留声中含泪辍学了。强子回家后农忙时务农，农闲时外出打工，用稚嫩的肩膀苦苦支撑着家。与强子聊了一阵知心话后，我被他的精神所感动，当即决定，我也要像强子一样开始一种新的生活！

三天后，强子捎话给我，装卸队队长同意让我去试试。当天午后，我穿着母亲为我缝补好的旧衣服，骑着家里那辆破旧的自行车，随强子朝3公里外的乡驻地奔去。在强子的介绍下，我见到了装卸队队长，他看了一眼身体瘦弱、戴着一副近视眼镜的我摇了摇头，指着院内那些坐在砖头上的壮汉们说："这种出苦力的活你怕不行，出了事我可承担不起。"听他拒绝，我的心一下子从头凉到脚，略一思忖，我又急切地挺起胸脯大声说："我是农家孩子，能吃苦，适应几天保证能行！"看着执着和充满自信的我，他只好叮嘱强子："你带他几天，试试再说吧。"

开始几天我跟着强子只干些卸煤、装纸箱类的轻活儿，那些卸水泥和装石块的重活他不敢让我干。为了在大家面前不服输和让队长肯定我的能干而留下我，几天的适应后，我便争抢着和那些壮汉们一样窜上窜下地卸水泥和装石块。随着每天装卸量的不断增加，那些50公斤重的水泥袋、上百斤的石块越来越使我感到力不从心。

为显示自己能够撑下去的决心，我常常肩扛货物忍着不肯让泪水流下来，而那些止不住的汗水，则从我的脸上淌进嘴里，然后又被我一次次咽进肚子里。几位好心的叔叔心疼我这刚从学校里出来的学生娃子，劝我实在撑不住就瞅空喘几口气，但是我想队长既然给我机会，咬牙也要挺住。有段时间，因一处建筑工地急用料需加班装卸，工友们都从家里带来午饭在工地上吃，我也学着他们的样子就着咸菜疙瘩啃干煎饼，然后灌上一碗白开水，对这种艰苦的生活我虽然难以适应，但我要努力改变自己，证实自己给大家看。

进装卸队的十几天时间，每天傍晚回家后，疲惫不堪的我倒在床上再也不想爬起来了，浑身散了架子似的，脸上和后背因阳光的暴晒开始脱皮。每次母亲喊我起来吃饭，我都有气无力地躺在床上不肯起来，每次，母亲都心疼地说："孩子，受不住明天别去了。"我忍着欲滴的泪水一边摇头，一边硬撑着下床强装笑颜随母亲去吃饭，如果不吃，第二天的活儿是绝对撑不住的。这样持续了半个月，队长看我还能胜任，便正式决定留下我，同时按试用期的待遇给我定了150元的工资。

一次，我的几名高中时的同学从县城赶来看我，他们有的已再次走进学校复读，有的在父母的关照下参加了工作。他们打听到我在乡办企业干装卸工后，就赶到建筑工地来看我。当时我上身穿着一件既脏又破的衬衫，下身是一条沾满泥巴的裤子卷到膝盖上，脚上那双运动鞋，早已失去在校时的风采，破了洞的鞋帮龇牙咧嘴。

其中有位名叫刘云诗写得很好的女同学，红着眼圈同情地既怜又怨："你这昔日闻名全校的诗人，怎么被糟蹋成这副样子，生活对你太不公平了，看见你这副模样，我们的心里都在掉泪……"几位男同学鼓励我再去复读，决不能就这样毁了自己。面对他们的好言相劝，我只能在心里感激，因为家里的贫窘状况已不容许我再作别的选择。

送走同学的第二天，我去上班时随身背上了那只放了许久的书包，里面装了一本文学创作技巧专著和一支笔，同学们鼓励我从头再来，这句话我已铭刻心底。工休时间，我开始躲开工友们聚在一起充满野趣的笑料和甩扑克的吵闹声，在一个只有阳光和风知道的角落里认真地读书，书写曾经在梦中缠绕我许多年的诗歌和散文，让自己曾经的梦想，驱散我的悲伤和劳累……

一个月后，我激动地从队长手里接过用汗水和肉体的消耗换取的150元钱。下班的哨子刚吹响，我便急不可待地朝家里奔去。将钱递到母亲的手里后，我看见母亲的眼睛里闪着泪花，可是我未曾料到的是，母亲把那沓钱重又送到我的手里，母亲说："你把这钱用在学习上吧，坚持学下去，说不定能为自己闯出一条路。"在母亲的一再鼓励下，我用这150元钱报考了高校自学中文专业，同时报名参加了一家文学创作函授中心。白天在装卸队干活，晚上的时间我总是坚持读书学习。

八个多月的装卸工生涯，让我备尝了人生的苦楚和生存的艰辛，同时也给我带来了辛勤付出后品尝果实的喜悦。在那段锤炼我意志的时间里，我吃尽苦头挣来的那些钱，除了补贴家用外，其余全部用在了买书、写作和高等教育自学考试上。我知道，自己的梦想总像一种不可遏止的动力鼓励着我，为此，我追求的风帆始终高扬着，在风雨飘摇中坚定地走自己的路……

我没有辜负母亲的期望，没有空耗自己的时间，在之后的几年里，我创作了大量的诗歌和散文，有50多篇发表在省、市报刊上。1988年，县广播站的一位编辑写来一封信，信中说：广播站需要一名文字编辑，如果你不怕苦就来吧。我不怕苦！为了圆自己的梦想，为了给艰辛的母亲争一份光，我终于走出贫穷的乡村踏进县城，为自己的学习和创作争取到了一个稍好的环境。

我是怀揣着同风雨搏击的勇气寻找人生风景的。有了一份收入微薄但环境较好的工作后，我夜以继日，争分夺秒地把自己的思考和生存感悟变成文字献给社会，献给对我寄予希望的母亲。从1985年发表第一首诗歌到现在，我已发表诗歌、散文、杂文、特写等各类文章1500多篇，其中有50多篇被收入各种文集，并被市作家协会推选为理事。

现在，我的月工资和奖金已超过千元，每月仅稿费收入便达500多元，远远超过了当初做装卸工时的150元。但我至今认为，那最初的150元是我今生最大的一笔财富，因为在我涉世之初最困难时期挣得那笔钱的同时，我也被苦难的熔炉锻打出来，学会了承受苦难和付出，将自己锤炼成一个笑傲困境藐视挫折的男子汉，这是我一生中用之不尽的。

人生的"第一桶金"在价值上是无法衡量的，可以说它胜过百万千万的金钱，因为一个人的意志和毅力，再多的钱也难以买到。

（卞文志）

让梦想升级

　　她出生在黄河故道兰考县，因为家贫，12岁那年，不得不辍学，随后跟着一位邻居家的姐姐北上到了佳木斯，在一家台球俱乐部打工。她的工作很简单，无非就是打扫卫生、端茶送水、摆放三角形的框子，一个月下来，她拿到了500元的工资，她激动得几乎流下眼泪，这可是相当于老家半年的种田收入哇！

　　激动过后，她注意到，一名专业球员，不仅能外出参加比赛，拿到高额的奖金，就是陪会员练练球，也能得到不菲的小费。"如果我能成为一名球手就好了，那样可以挣到更多的钱，爸爸妈妈的压力就会减轻不少。"有了这个想法，她每天第一个来、最后一个走，在空无一人的球室里偷偷练起了台球。只半个月的时间，她的手上便磨出了好几个血泡，但她依旧咬牙坚持着。不久邻居家的姐姐发现了她的秘密，已经成为球员的姐姐答应帮助妹妹圆当球手的梦。有了姐姐的帮助，她进步更加迅猛了。

　　这天下午，她正在球室忙碌，一个满身酒气、大腹便便的男人走了进来，点名要一位球员陪他打球，经理赔笑脸解释说："对不起，球员都去天津比赛了，要不您改天再来？"那人借着酒劲儿嚷嚷道："连个陪练都没有，还开什么球馆，干脆关门算了。"看着经理尴尬的表情，她冲过去对那个男人说："您不要生气，我来陪您练吧。"那人气不打一处来，说："你一个服务员也配和我打球！"客人的蔑视一下激怒了她："服务员怎么了，你还不一定赢得了我呢。"

那人一下子来了兴致，说："你胆子够大，如果我输你一盘，我给你100元，如果你输了，你给我100元，你敢玩吗？"她爽快地答应了。结果五局球下来，男子心甘情愿地掏出了500元，还对经理说："让这么好的苗子当服务员，浪费人才呀。"大喜过望的经理连连点头，就这样，她如愿以偿地成了一名职业球员。

成了职业球员，拿着丰厚的出场费，她的心又变得不安分起来，她对邻居家的姐姐说："我觉得打台球也挺容易的，我想拿个冠军，有了钱，我就能把爸爸妈妈接到城里来住，让他们享享清福。"那位姐姐告诉她："你的打球天赋并不高，现在能在俱乐部当个职业球手已经不错了。""我知道我笨，但我会笨鸟先飞。"她说。

从此，她简直把自己变成了一个打台球的机器，每天第一个到球室，除了陪打，就是和同事切磋球技。到了晚上，直到客人走尽，她才拖着疲惫的身躯回到宿舍。星期天、节假日，当别人都在逛街、上网时，她依旧窝在球室，为了不使自己分心，她甚至连手机都没买。她的专心和刻苦终于引起了著名台球教练张树春的注意，张教练把她收为关门弟子。有了名师指点，加上自己的努力，在2009年

11月沈阳九球世界锦标赛上，她以一匹黑马的姿态击败各路名将，成为世界冠军。

她叫刘莎莎，一个来自农村的女孩，从她接触台球到拿到世界冠军，仅仅六年的时间。刘莎莎的成功除了她的勤奋和刻苦外，还得益于她从不好高骛远，总把目标定在自己能看到的范围之内，然后再逐步升级自己的梦想。

（焦淳朴）

我的天赋是聊天儿

　　有个活泼开朗的小伙子，在美国福特汽车公司从事着枯燥乏味的会计工作，就是帮那些整天出差在外的工程师们报销飞机票。想想看，每天数飞机票的日子多么单调哇，为了缓解沉闷的气氛，他总忍不住跟旁边的同事聊天儿。可是有一天，他这个爱聊天儿的嗜好被老板发现了，冲到他面前来"砰"地一拍桌子，毫不客气地提醒他："我雇你来工作的，不是雇你来聊天儿的！"这么枯燥的工作，再不让人聊几句，恐怕整个人要疯掉了。于是，小伙子盛气之下选择了辞职。

　　小伙子开始了新一轮的求职之旅。美国硅谷一带的大公司他几乎都去应聘过了，令人沮丧的是，所有的公司都让他吃了闭门羹。原因只有一条，他对新工作的要求太奇怪了。每次面试，他都跟人事经理讲：我真的是太喜欢聊天儿了，可不可以给我一个聊天儿的工作，让我从早聊到晚；他这些话一出口，人家就认定他精神有问题。有个公司的会计部主任，听完他的陈述，憋住笑跑去外面把十几个员工都叫进来，请他将刚才的要求重述一遍，这位主任把他当成"神经病"来逗乐了。

这一天，饥肠辘辘的他走进了一家证券公司，又把只想聊天儿的工作要求提了出来。搁以往，当他讲到这里，对方就会觉得他在讲笑话。可这个经理表情很严肃，手指在办公桌上一下一下地敲，敲得小伙子心慌极了，暗想：经理会不会一跃而起，赏我两个耳刮子吧？出乎意料的是，经理忽然扑上来，一把抱住了他的脖子，惊喜地大叫："小伙子，过去十年你在哪里？我就是要找你这样的人才，你明天就来上班，明天就来，薪水没有问题。"原来，证券公司要的正是喜欢跟人聊天儿的人。身为证券投资顾问，就是要去找客户跟人家谈股票，不喜欢聊天儿还不能胜任。就这样，他瞎打误撞地成为这家证券公司的一名投资顾问。

然而，这份工作并非想象的那么轻松。老板要求他每天至少打500个电话，而且打出去的每个电话，老板那里都有电脑记录，一个也不能少。这500个电话都是打给陌生人的，这真是天下最难打的电话。为了完成任务，他每天清早6点整进入办公室，当打到最后一个电话的时候，已经午夜两点了。他回到自己的住处，才发现嘴角在流血，因为这一天里他讲话太多，牙齿偶尔咬到舌头，嘴巴讲麻木了，当时并不觉得疼。后来他要求自己，每个电话都尽量在最短时间内跟对方说清楚，这样他就可以提前到凌晨以前打完。

这个可以尽情聊天儿的工作虽然很辛苦，小伙子却甘之如饴。这一年，26岁的他正式进入美国证券界。在大洋彼岸疯狂的投资热潮中，他付出的艰辛很快有了回报，逐渐攀升的业绩超过了所有人，被誉为"华尔街股市神童"，他就是著名的投资理财专家胡立阳。到33岁时，他已荣登美国最大的证券公司美林证券第一位华籍副总裁宝座。

1986年，胡立阳选择了从华尔街隐退，毅然放弃千万年薪回到台湾，进行大众投资教育。美林的同事们曾开玩笑说，"你回台湾去传授股票投资知识，好比是去阿拉斯加卖电冰箱。"胡立阳却说："如果需要卖冰箱，就是创造条件也要把它卖给因纽特人。"他们怎知道，胡立阳离开华尔街不为别的，原来他发现，自己更倾向于做大众投资指导工作，这样能尽情尽兴地跟别人聊天儿谈股票。他所谓的开辟新投资市场，说白了，就是想最大限度地满足自己跟别人聊天儿的欲望。他认为："一个人要想成功，一定要找到适材适所的工作，只有这样，才能一直保持工作的激情，在追求的路上走得更远。"

（吕保军）

桌上的四合院

在一家建筑公司上班时，跟一位山西籍的工友很要好；他是个很内向的中年人，有种与自己年龄下相符的爱好——玩积木——倘若他从工地附近的家具厂捡来的边边角角可以称之为积木的话：每天收工后，只要有点空闲，他就坐在摆满积木的小桌前聚精会神摆弄那些木块，"你是在弥补童年的遗憾吗？"因为我很清楚，像他们这个年龄的人。童年的玩具，不外乎一杆马鞭或一堆泥巴再或者就是祖父母们在春节时视心情好坏恩赐的几挂鞭炮而已。

"不，不是，不想知道我摆的是什么吗？"他笑着问从铺上坐起身的我。"是房子吧？""确切地说是四合院。你看，这是我父母的卧室，这是我小孩的书房。"他似乎没有觉察到或者故意不在乎我夸张的诧异，继续一本正经地背诵他的解说词："这是厢房，有很大的窗户，做花房再合适不过了。""这是什么？"我打断他的絮叨，不屑地捏起一小截圆圆的木头。"哦，这是锅炉，"他踌躇满志地说，"我的四合院冬天是要烧暖气的，那样的话，就不劳累公仆们去我家送温暖了。"

　　我笑不可抑，烟蒂跌落成一簇转瞬即逝的礼花："这个白日梦可真够经典的。"

　　他有些惭愧，有些羞涩，还有些手足无措，然而最后他严肃地说："就算是白日梦吧，我也要让它更具体一点。"

　　我的心触电般阵阵痉挛，为自己苍白的笑声，更为他的那些话。这个来自太行山深处的中年人，还没有见识过阔人们享用的别墅或招待所，甚至连城里人的一室一厅也不曾涉足，作为一个和水泥砖瓦打了半生交道的人，他常常为自己还没有一间像样的住房而悲哀难过。桌上的四合院自然而然地成了他疲惫灵魂赖以休养生息的世外桃源。

　　从那以后，我不再嘲笑他的静坐与沉思，也努力地不去惊扰他建筑自己的"四合院"。很多时候，当我下意识地凝视那堆积木和积木前虔诚的他时，眼前就会幻化出一只长途跋涉的天鹅在霞光掩映的澄湖边梳洗羽毛的情景，那份专注、那份执着、那份清清凉意，让我过目不忘，让我刻骨铭心。

　　　　　　　　　　　　　　　　　　　　　　　（刘晓东）

他是如何驾驭时间的

有一个人从26岁开始，即从1916年元旦那天起，每天都要核算自己所用的时间，每个月底做小节，年终做总结。难能可贵的是，他56年如一日，直到1972年去世的那一天。

他靠的是记日记。没有什么能打乱他的这一习惯——休息、看报、散步、剃胡须……甚至女儿找他问问题，他都要在纸上做记号，一丝不苟地记下用了多少分钟。

他想方设法利用每一分钟"时间下脚料"：乘电车时复习需要牢记的知识；排队时思考问题；散步时兼捕昆虫；在那些废话连篇的会议上演算习题……读书的时间盘算得更细。"清晨，头脑清醒，我看严肃的书籍（哲学、数学方面的）；钻研一个半小时或两个小时以后，看比较轻松的读物——历史或生物学方面的著作；脑子累了，就看文艺作品。"他算出自己一小时的看书进度是：数学书4—5页，其他类书20—30页。他最令自己满意的是1937年7月，"这个月我工作了316小时，平均每天7小时。如果把纯时间折算成毛时间，应该增加25%—30%。我逐渐改进我的统计。"

他统计自己1966年所用基本科研时间为1906小时，超出原计划6小时，平均每天工作5小时13分；与1965年相比，则超出了27分／小时。1967年他77岁，他对这一年时间的统计是：读俄文书50本，用去48小时；法文书3本，用去24小时；德文书2本，用去20小时；游泳43次；娱乐65次；同朋友、学生交往用去151小时……

多么的单调、枯燥，像电报一样乏味、会计账目一样干巴，除了醒目的加减数字，没有一点世故隐情。然而透过字里行间，我们却可以窥到一个学者对待生活、对待事业严肃认真的态度，对待时间的无比珍视。

他认为时间是世界上最有甚至是唯一有价值的东西，他将它视若神明的赐予，于是时间也就给予了他丰厚的回报。这个牢牢驾驭住了时间，创造出"时间统计法"的人，就是当代杰出的昆虫学家亚历山大·亚历山德罗维奇·柳比歇夫。

（张建萍）

门口的年轻人

　　小区的门口，有两个年轻人的报摊，一个在左边，一个在右边。他们卖同样的报纸，对买报的都是同样的笑脸相迎，可是人们都到左边去买报。

　　因为你早上花1元钱在左边买两份报纸——《服务导报》及《经济早报》，下午3点钟前送还，可以免费换一份《扬子晚报》，而3点钟后买《服务导报》和《经济早报》的，只需交5毛钱就够了。人们在这儿买报，1元钱可以看3份报纸。

　　紧挨着报摊是两个卖馒头的姑娘，她们的馒头都同样的大小、同样的价格，可是，人们都到右边去买馒头，因为你在这儿花1元钱买5个馒头，她总是再放一个鸡蛋大小的小馒头，尤其是孩子来买的时候。

　　前不久，小区的澡堂贴出告示，要对外出租，大红纸贴了3个月无人问津，因为这个小区是市里的示范工程，家家户户，一天24小时供应热水，这儿的澡堂生意清淡，人所共知。有几天，人们见左边卖报的小伙子和右边卖馒头的姑娘在澡堂里忙乎，原来这个闲置了大半年的澡堂被他俩以每月2000元的价格租了下来。起初，人们都以为这两个人昏了头，因为有人算过，每月1000元包下这个澡堂都不能盈利。不过，当一块"宠物澡堂"的牌子挂起后，人们才感觉到小区里出了人物，因为这个小区里至少有800条狗。

现在"宠物澡堂"已发展成"宠物美容院"，有狗部、猫部、鸟部三个洗浴美容厅和一个宠物食品店，"宠物澡堂"也由原来的两人发展到现在的12人。门口的报摊也换成了摊亭，由一对老人经营，据说一个是那位小伙的妈妈，一位是那位姑娘的爸爸。

（刘燕敏）

和哥哥一起闯天涯

哥哥比我大 10 岁。当我还在小学的音乐课堂上，背着小手，一板一眼地学唱"我爱北京天安门，天安门上太阳升……"这样的儿歌时，哥哥就能用小提琴非常熟练地演奏各国名曲了。因此我从小就对哥哥崇拜极了。

哥哥叫周启凡，他其实不是我的亲哥哥。他的家住在离我家不远的一座小山坡上，因从小跟着他一起听音乐，故一直视他为亲哥哥。

哥哥 20 岁那年，去了数百里之外的省城成都参加了一次音乐比赛，获得了二等奖。回来后哥哥抑制不住内心的喜悦，兴奋地对我说：小好，这次出去，我看到了一片很广阔的天空。我觉得我应该到那里去发展，因为，那里才有我的舞台和听众。我听后，怔了一下，说：哥哥你走了是不是就没人拉琴给我听了？哥哥说：小好，那你就快长大吧，等你长大了，就可以来找哥哥了啊。

哥哥第二天便向他所在的单位递交了辞呈。当时哥哥是他们单位第一个敢于向单位辞职的，因此引起了一场轩然大波。很多人都不理解哥哥的做法，并说哥哥一向不务正业这次更是吃饱了撑的。哥哥的父亲，一位十分出名的老木匠为此竟放下架子而提了两瓶好酒去向哥哥的领导求情，并指着哥哥的鼻子大声喝道：如果你要走就甭想再进这个家门！但老木匠的苦心和愤怒并没动摇哥哥的决心。

哥哥走时我已读高中。我开始发奋读书。我希望自己能够成为像哥哥那样优秀的人。

高中毕业我报考了戏剧学院。这是我自幼的理想。可是到最后我却名落孙山。为此我很消沉，写信给哥哥时告诉他说我这辈子算完了。哥哥的回信明显地很生气：小好，我一直以为你是一个认准了一条道，就会勇往直前地坚定地走下去的好孩子。却没想到一次小小的挫折和打击，就使你变得如此懦弱如此颓废，甚至开始怀疑自己的整个人生。照此下去，你又该如何去走你以后的路？而在今后的岁月里，当你遭遇更大的不幸和灾难时，你又该如何有勇气有信心去面对和处理？

哥哥的来信使我羞愧难当。我第一次感到哥哥对我的失望和不满意，这是我不喜欢的事情。于是我连夜写信给哥哥，告诉他：哥哥，我错了。请你相信我——小好永远都会是好样的！

这之后，我不再为自己没考上理想的大学而自暴自弃。我想，条条大道通罗马，这条路走不过去，另选一条就是了。我决定像哥那样用自己的双脚去踏出一条自己的路来。我当然知道选择这条路，一定得具有比别人多出数倍的胆量和勇气。可是，既然哥哥能走下去，我又为何不能呢？

我来到了哥哥所在的城市。来时我仅带了一个装衣服的背包和一份必胜的信念。哥哥得知我要来，欢喜成了一个三岁的小孩子。他到车站来接我。在众目睽睽之下，他一把搂住我，又捶我的胸，又拍我的肩，最后又像小时候一样弄乱我的头发说："嘿！小不点儿，咱们两兄弟终于又见面了！我说我是来和哥哥一同闯天下的。哥哥沉思了一下说：那你得有心理准备，外面的世界很精彩也很无奈，说不定某一天你就会有可能吃了上顿没下顿，甚至会流落街头而得不到任何人的同情和帮助——你怕不怕？我抬眼看了哥哥好一会儿，然后十分认真地说：有哥哥在，我还怕什么呢？

哥哥带我去他的住处。一路上他抑制不住兴奋，告诉我他这些年有趣的经历和丰厚的收获。但当我关切地问他现在的生活怎么样时，哥哥却怔了一下，然后慢慢吐出两个字：还行。哥哥说这话时脸上依旧是笑着的表情，可我，却从他言不由衷的苦笑里，感受到了他的内心不尽的沧桑和疲惫。

哥哥的生活过得并不如意。当我走进他租来的那间小屋，就更加证实了我的判断。那是一间地下室，阴暗潮湿而且破败不堪。屋里乱极了，书、稿纸、衣服满地都是，使原来狭小的空间更显得拥挤不堪。一进门我便看见了挂在墙上的那把小提琴。当我用手去抹那上面厚厚的灰尘时，我的心突然痛了起来。而泪，无声无息地已流了一脸。

晚饭时哥哥才告诉我他现在在一家酒店做保安。这已是他来到这座城市之后的第10份工作了。在这之前，哥哥曾在夜总会为别人斟茶倒水，曾在马路边帮别人推销那些廉价的衣裤，曾在码头上一趟一趟地背那石头一般沉重的货物……我问他：那么你的舞台和听众呢？哥哥一下子就沉默了。沉默了许久之后哥哥终于自嘲地笑道：唉，现在懂音乐的人，可真是越来越少了……

那晚，我把那把小提琴从墙上取下来，重又交到哥哥手上。那晚，当我再一次听到哥哥自己创作的那首曲子在茫茫夜空中轻轻奏响时，我的心中产生了一个极其强烈的愿望，那就是——不管遇到什么样的情况，我都要尽我所能，让更多的人，能够听到或欣赏到哥哥的音乐。

我开始四处找工作。我把哥哥所作的那首曲子填上词，然后一次又一次地去唱给那些夜总会或歌舞厅的老总听。但没有人对这首曲子感兴趣。他们总是问我除了这首歌之外还会不会唱张学友刘德华他们的歌。我说我会唱他们所有的歌可我必须唱这首歌。于是肥头大耳或尖嘴猴腮的老总们就全都大摇其头，说对不起我们这里不需要这样的歌，你还是另谋高就吧，便将我赶出门外。为此我非常伤心又非常苦恼。可我——百折不挠。

那是冬天。街上的风很冷，但每天晚上我依然穿着极单薄的演出服出去碰运气。终于有一天我病倒了。那天哥哥下班回家时我正躺在床上不停地发抖。哥哥吃惊地问我：小好，你怎么啦？我说：

哥哥，我冷。哥哥赶紧抱来许多床被子又把自己的大衣脱下来盖在我身上。我开始全身冒虚汗，可我还是感到跌进冰窟无法自救似的寒冷。我问哥哥我是不是快死了。哥哥的眼泪一下子就涌了出来。他紧紧地抱着我说：小好你说什么傻话？你只是感冒了，吃了药就会好起来的！我说：哥哥，我真是太笨了，不仅没给你帮忙，反而净给你添乱……哥哥说：小好，你的心其实哥哥全知道！以后你别再这么去求人了……哪怕哥哥只挣回来一粒米，也一定会分半粒给你。我说：可是……哥哥你不是说过吗，一个人只要看准了一条路，就勇往直前地走下去才是好样的啊！哥哥没再说话。他只是那么紧紧地拥着我，好似要把自己所有的热气全都传递给我一样。可是，我却看到，哥哥的眼泪，一直在流，一直在流……

后来，终于有一家夜总会肯收留我做歌手，但条件是薪水必须比别的歌手少一半。我答应了。我想只要能让我唱哥哥创作的那首曲子，无论什么条件我都会答应。

却不料哥哥创作的那首曲子经我演唱之后竟备受欢迎。第一场演出就使我和夜总会老板大吃一惊。因为几乎所有的客人，在我演唱那首曲子时，都安静了下来。而当我唱完之后，全场先是静默，随后竟有雷鸣般的掌声铺天盖地地响起来。那晚我为夜总会挣回了有史以来最多的花篮和小费。夜总会老板笑烂了一张脸。当我走进后台，他见到我第一句话就是：真没想到……我说：我跟你一样没想到。

回家之后我便迫不及待地把事情的经过原原本本告诉了哥哥，但哥哥却并没有表现出过分的欣喜。他只是愣了一下，然后说：哦，那太好了，便去忙别的了。我为哥哥所表现出的那份淡然和平静感到纳闷极了。

哥哥仍在那家酒店做保安。但我觉得像哥哥这样优秀的小提琴手如果不到舞台上去演奏，那简直是对人才的亵渎。我开始向我所在的那家夜总会老板极力推荐哥哥去做独奏演员。最初老板认为我的建议简直是无稽之谈。他说：现在的人都只爱听摇滚乐，谁还有工夫去欣赏那些听都听不懂的小夜曲呢？但后来经不起我五次三番地游说和鼓动，他终于答应试试。可是，其结果却令人痛心疾首。那晚当哥哥身着黑色燕尾服站在舞台中央为大家演奏那首马斯涅的《沉思》时，台下竟有一半以上的客人在问：这破音乐是谁写的？怎么跟催眠曲似的？难听死了！我不知道哥哥听到这些话时是怎样的一种悲怆的心情。我也不知道哥哥是依靠一种怎样的定力才在那些毫无教养的"换一个"的呼喊声中坚持完成了自己的演奏。那天哥哥演奏完之后，走到舞台前端，朝下面所有的客人深深地鞠了一躬，然后，他毕恭毕敬地对大家说了一句：对不起……当哥哥直起身来时，我看到，哥哥的眼睛，是红的……

那天晚上我和哥哥步行回家。我们都一路无话。到了家里，哥哥准备把那把小提琴继续挂在墙上。我突然说：哥哥，你拉吧！拉给我听好不好？哥哥静静地看了我很久很久，没说话，然后，他笑了，笑得很感伤，说：小好，如今……我也就只有你这个听众了。我赶忙说哥哥你只是生不逢时，不然……哥哥笑着摇了摇头，打断了我的话幽幽地说：其实我的音乐，只要有一个人听，也就够了。

那晚哥哥为我演奏了许多华美如诗的小提琴曲，从中国的"梁祝"，到帕格尼尼的"随想曲"，再到舒伯特的"小夜曲"……当我陶醉在那些舒缓悠扬的旋律中，我的心感到了从未有过的平和与宁静。而那原本平淡的夜，也因了哥哥的音乐，而变得格外美丽迷人起来。

那之后哥哥几乎每晚都演奏曲子给我听。那应该是我和哥哥都十分快乐的时刻。而哥哥在那段时间突然产生了从未有过的创作灵感和激情。有许多个夜晚，在我入睡以后，哥哥仍在写曲，写完之后便奏给我听。我一直奇怪哥哥写的那些宛如鹂歌般美妙无比的曲子为什么除我之外就没有人欣赏呢？

后来我听到市里要举办歌手大赛的消息。我很想参加，哥哥也非常支持。哥哥说：好好去唱吧——哥哥30岁生日也快到了，到时抱个奖回来给哥哥作生日礼物吧。

第二天我便去报了名。我对自己有十足的信心。我想我到时一定会给哥哥一个意外的惊喜。

可是，万万没想到的是，哥哥却并没等到那一天，便突遇了一场意外的车祸，魂归西天……

那天其实是个阳光很好的日子，因为比赛迫在眉睫，所以我让哥哥陪我去挑演出服。正当我在一家服装店为挑白色的西装还是红色的西装拿不定主意时，哥哥突然说了句：小好，天太热了，我到那边去看看有没有汽水卖……说完，他就走了，然后，我就听到了一阵尖锐的急刹车的声音。当我不经意地回头凝望时，我的脑海顿时变成了一片空白……

那天在送哥哥去医院的的士车里，我死死地抱着哥哥的身子喘不过气来。哥哥的身子不停地抖，不停地抖。从哥哥身上流出的血将我新买的白西装染成了红色。我拼命地用手去堵哥哥的血，可是无济于事。我听到哥哥那么虚弱地在说：小好，天边怎么这么黑了？天又怎么这么冷啊……我感觉自己已不能说出一句完整的话，我几乎拼尽了全身的力气才终于喊出声来：哥哥，坚持住，你要坚持住啊！

我的呼喊最终并没能留住哥哥的生命。多年以后我一直在想哥哥为什么那么轻易地离我而去了呢？他为什么不可以多坚持一会？为什么不可以等着我参加完比赛为他祝贺30岁生日呢？

那次比赛我唱的是哥哥写的一首曲子。演唱之前我告诉大家这首曲子的作者已于两天前永远地离开了我们去了天国，可我，还是希望大家能够听到或记住他的音乐……话没说完我已泪流满面。整个演唱过程我几乎无法控制自己的情绪，当我唱到"静静夜空下，是谁的琴声伴我入梦？茫茫红尘中，是谁的微笑伴我一生"这几句时，我已经泣不成声。我知道我演砸了。可最后我却获得了最多的掌声——那掌声，全都是送给哥哥的。可是……哥哥已经听不到了。

哥哥走了。哥哥说他这一生是为音乐而活的。那么他对自己曾经有过的生命，可曾感到满意和无悔？

哥哥走后，我过了很久才最终适应了哥哥不在的日子。我知道从此不会再有人专门拉琴给我听，而我，必须学会独立了。我开始学着像哥哥那样，从容镇定而又坚强地去走自己以后的路；开始学着像哥哥那样，爱一样东西，就爱到如痴如醉而又无怨无悔；开始学着像哥哥那样认真地计算着生命中的每一个日子，不虚度岁月年华里的任何一寸光阴……

（张好）

远方的召唤

　　跳不出这狭小的圈圈，分不开这紧握的双手，虽激情亢奋，却也仅限于双臂之间；对望的双眼，包含着无尽的语言，虽想道一声爱恋，但跳动的心灵急促地诉说：只有理智，友谊才能长存人间。

　　背影透着抽泣微动，江水载着哀叹远流，因为有了情，爱才如此地让人心醉；因为有了爱，情才那样艰难地分开。回首再看一眼吧！虽不是生死离别，可毕竟还是为了让对方生活得更美好……

　　记忆是一种痛苦，回想更令人酸楚，可人生总要向前，生活总不能只在痛楚中踏步，大胆地向前迈一步，跳出那个已成旧梦的圈圈，也许，柳暗花明的艳阳天就出现在眼前。

　　别再犹豫，莫要徘徊，不去追求，面临的一定是失败。

　　不要伤悲，不要留恋，向前望一望，也许有人早已在远方深情地召唤……

（刘学恭）

擦鞋总统

1945 年 10 月，男孩出生于巴西伯南布哥州的一个农民家庭。因家里穷，从 4 岁起，他就得到街上贩卖花生，但仍衣不蔽体，食不果腹。上小学后，他常和两个小伙伴在课余时间到街上擦鞋，如果没有顾客就得挨饿。

12 岁那年的一个傍晚，一家洗染铺的老板来擦鞋，三个小男孩都围了过去。老板看着三个孩子渴求的目光，很为难。突然，他拿出两枚硬币说："谁最缺钱，我的鞋子就让他擦，并且支付他两块钱。"

那时擦一双皮鞋顶多 20 分钱，给十倍的钱简直是天上掉馅饼。三双眼睛发出异样光芒。

"我早上到现在都没吃东西，如果再没钱买吃的，我可能会饿死。"一个小伙伴说。

"家里断粮三天，妈妈又生病了，我得给家人买吃的回去，不然晚上又得挨打……"另一个小伙伴说。

男孩看了看老板子里的两块钱，顿了一会儿，说："如果这两块钱真的让我挣，我要分给他们一人一块钱！"

男孩的回答让洗染铺老板和两个小伙伴大感意外。

男孩说："他们是我最好的朋友，已经饿了一天了，而我至少中午还吃了点花生，有力气擦鞋。您让我擦吧，一定让您满意。"

老板被男孩感动了，待男孩擦好鞋后，他真的将两块钱付给男孩。而男孩并不食言，直接将钱分给了两个小伙伴。

几天后，老板找到男孩，让男孩每天放学后到他的洗染铺当学徒工，还管晚饭。虽然学徒工工资很低，但比擦鞋强多了。

男孩知道，是因向比自己窘困的人伸出援手，才有了改变命运的机会。从此，只要有能力，他都会去帮助那些生活比自己困难的人。后来他辍学进入工厂当工人，为争取工人的权益，他21岁加入工会，45岁创立劳工党。2002年，他提出"让这个国家所有的人一日三餐有饭吃"的竞选纲领，赢得了选民，当选为总统。2006年，他竞选连任，又再次当选总统，任期4年。

8年来，他践行"达则兼济天下"的承诺，使这个国家93%的儿童和83%的成年人一日三餐都得到食品。而他带领的巴西也从"草食恐龙"变成了"美洲雄狮"，一跃成为全球第十大经济体。

没错，他就是2010年底任期后满而卸任的巴西前总统卢拉。

（李耿源）

真心付出的意外回报

伊格纳西·帕德雷夫斯基是波兰著名的钢琴家。1891年，帕德雷夫斯基去美国巡演，计划举办117场音乐会。美国斯坦福大学也向他发出了邀请，两个学生联系到帕德雷夫斯基的经理人，经过商议后敲定举办一场校内音乐会，钢琴家的出场费是2000美元。

因为听众大多是学生，没有什么收入，这两名举办音乐会的学生四处筹措，却只凑了1600美元。两个小伙子不好意思地拿着凑到的钱找到帕德雷夫斯基，告诉了他筹钱的经过，并写了一张欠条，承诺他们以后会想办法把其余的400美元补齐。

帕德雷夫斯基拿过欠条，把它撕成了两半，又把钱还给学生："你们也付出了努力，这是你们应得的费用。请放心，我会如期演出的。"

多年后，帕德雷夫斯基当选为波兰总理，当时正值第一次世界大战结束，他面对的是一个饱受战争磨难的国度，人民的温饱成了严重问题。有一天，在波兰方面没有提出援助请求的情况下，数千吨的食品从美国运到了波兰。

后来有一次，帕德雷夫斯基在巴黎访问时，恰好遇到了也在那里访问的美国总统胡佛，他向胡佛总统感谢美国人民的援助。"这是我们应该做的，帕德雷夫斯基先生，"胡佛总统说，"我知道你们那里很缺粮食。而且，虽然你可能不记得了，但我无法忘记当年我们在困难时您给我们的慷慨帮助——我就是那所大学筹办音乐会的两名学生之一！"

一个人只要心怀关爱和同情，真心付出，就一定会得到更多的回报，这也是成功生活的基本法则之一。

（艾文　编译）

"80后"眼高是优点

有人问我："80后"现在有一个毛病叫作太眼高，您怎么看这样一个现象？

我觉得这可能不是毛病，我觉得这是一个优点。这个优点我觉得不仅仅"80后"有，包括我这个年代的人也有眼高的，它确实涉及我们大家谈到的修养问题，包括我们谈到"视野决定高度"。如果眼不高哪来的"视"，如果我们的眼不高更不会有"野"。我觉得眼高决定一个人的走向，也就是说我们向哪走、我们做什么，我们才会去行动。

当然，上学的时候我也遭过老师的批判，你为什么老是眼高手低。我觉得眼高是很重要的东西，不仅仅是艺术相关的工作，我觉得对孩子来说，对搞专业工程物理，我都觉得眼高手低是决定最终一件事质量和成败的关键。

比如我们说包括阅读、包括旅行、包括跟朋友聊天，我相信收获最大的不是大家，可能是我自己的，一方面大家的问题我要想，很多人问得很哲学，似乎我好像从来没想过。一个人修养的获得，跟你一个人的精力、跟你一个人试图要捕捉一些跟别人不同的经历、拥有一个跟别人不同的角度、拥有一个比较大的胸怀都有关系。

所以，一个专业人士的成功，实际上很多东西是在这个专业之外，告诉你的是要用你的修养、你的视野去做跟别人思维不一样的事。

（朱镕）

生活在别处

　　有两个鱼缸，左边一个养了八条红金鱼，右边一个养了一条黑金鱼。

　　红金鱼们望着黑金鱼发呆，心想：黑金鱼住的地方多宽敞。黑金鱼望着红金鱼们也发呆，心想：红金鱼们住的地方多么热闹。

　　于是，红金鱼们纷纷往黑金鱼的缸里跳，黑金鱼则急切地往红金鱼的缸里跳。

　　结果，左边缸里变成了一条黑金鱼，右边缸里变成了八条红金鱼。

　　两边鱼缸里的金鱼望着对方，目瞪口呆。

　　想宽敞的依然拥挤，想热闹的依然孤单。这就是生活，从一个鱼缸跳到另一个鱼缸，结果什么也没变。

　　金鱼是这样，人也是如此。法国象征主义诗人兰波有一句名言："生活在别处。"这句名言，几乎概括了所有人的生存心理。

　　对于每个人来说，自己的此处便是他人的别处，是他人憧憬向往的地方，在他人的眼里，我们的此处很羡，但我们自己却浑然不

觉，或根本就不懂得珍惜。但当别处成为此处时，我们又会渐渐地
失去当初的感觉，继而厌倦，又想寻找新的"别处"。

　　追求自己所向往的美好生活本无可厚非，但不要总是习惯羡慕
他人的优越，而忽视自己所拥有的珍贵。其实，生活就在此处，就
在我们眼前，就在我们手里。

（张雨）

老鼠的提醒

一只老鼠在看见了农夫买了捕鼠器后，开始向动物发出警报。

它先通知母鸡，让它们别被捕鼠器抓伤。母鸡说：捕鼠器是捕老鼠的，与我们无关。

老鼠又转向猪，告诉他：家里安了捕鼠器，你可要小心。猪很同情老鼠，但是他说：这没有什么，我能做的就是为你祈祷。

老鼠又转向牛说：家里安了捕鼠器，你要小心。牛说：老鼠先生，我为你难过。

没人听老鼠的提醒，它非常沮丧。

当天晚上，捕鼠器响起了报警声。农夫和妻子知道有东西被抓获。在黑暗中，农夫的妻子把手伸向捕鼠器，让人想不到的是有一只蛇被捕鼠器夹住了尾巴。农民的妻子被蛇咬了，农夫赶紧把妻子送进医院。

农夫杀了一只鸡，煮了鸡汤给妻子补身体。听到农夫妻子中毒住院的消息，邻居们纷纷赶过来帮忙照顾，农夫又宰了猪感谢邻居

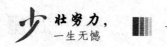
们。妻子的病没有治好，几天以后她死了，农夫又宰杀了牛招待参加葬礼的人。

老鼠在墙缝后面看到这一切以后，很是悲痛。

（张振旭）

"80后"，三十而立还是三十难立？

进入2010年，1980年出生的"80后"冲进30岁。在这个时候，近六成年满30岁的"80后"悲哀地发现：自己"三十难立"——薪酬不高，工作不满，存款空空，无房无车……视线："80后"，"三十而立"有点儿难。

男主角1：苏宁 职业：事业单位中层 现状：无房无车无伴侣

苏宁是个地道的广州仔，"别以为只有外省人来广州打拼才会出现'蜗居'的情况，像我们这样的本地人，不也一样是'蜗'在家里。"苏宁每月有一两千元的存款，"蜗"在家中，除了没有交房租外，家里的其他费用全部包办。虽然已经在单位做到中层，但是苏宁无奈地表示，想靠工资买房买车估计不大可能。他说："虽然我们'80后'大部分都在很努力地打拼，凭自己的能力活着，自信、自强、自立，但工资买不起房买不起车娶不起媳妇。"

女主角2：S小姐 职业：外企员工 现状：无房无车有男友

S小姐从江西来到广州已经两年，无论是语言还是生活习惯，她都不太能融入广州。虽然月薪在5000元左右，但广州的生活成本高得让她"咋舌"，心里有说不出的焦灼。S小姐坦承，这种感觉就是在即将步入30岁时产生的。28岁以前，她觉得自己每天都生活在嘻嘻哈哈中，一点儿也不觉得空虚；现在每天忙得焦头烂额，依旧觉得未来没有方向，没有目标，很迷茫。原本计划有房就马上结婚的她，在日益上涨的房价下也不得不低头。一张床、一个衣柜、一台电脑，一个不足20平方米的小房子，成了她和男朋友暂时的家。

男主角3：罗先生 职业：广告销售员 现状：有房有妻无车

从事广告销售的罗先生，由于收入不稳定，和女友相恋多年一直没有结婚。去年，终于在家人的支持下买了一套50平方米的小房，二手房，楼龄较长，父母帮忙一次性付清40万元。没有了后顾之忧，这对小情侣终于结婚了。至于生孩子，罗先生说："晚几年吧。"至于是"几年"，他至今没有计划："好不容易有了自己的房子，先喘口气吧，在这个压力巨大的社会，孩子出生带来的快乐实在太少了。"

讨论："80后"，"能立"还是"难立"？

三十而立，"立"的标准是什么呢？

"现在很多人都说，立的一个首要标准就是有一套住房！看来'三十而立'的'立'真的变味了。"网友笔墨丹青表示。记得于丹说过这个问题，"三十而立"这个"立"，首先是思想和心智是否独立，能不能驾驭自己的思想，独立处理遇到的问题，如果这些都没有真正独立，空谈所谓的事业与爱情独立也是枉然。

"三十而立卢成家立业≠有房有车。"有网友甚至拿孔子的身世来求证"三十而立"的意思，30岁的孔子既没当官，更没发财。孔子的"三十而立"，只是指"学有所成"。不但指知识和学问以及技能，还包括人生观、世界观、价值观的形成。如果把三十而立看成有房有车，则是一种世俗的理解。

网友小熊则表示，用物质的东西去衡量古人的三十而立，不仅是"80后"的悲哀，更是一个时代的堕落。每个人把房子看成一种生活目标，事实上，房子车子只是生活用品而已，它们不应该成为我们的理想。"80后"应该从事自己喜欢的职业，房子车子自然就来了，而不是一味追求高收入的工作。

立=社会地位+有车有房？

认为三十而立是指学有所成的，被指为"学院派"，招来"现实派"的反驳。网友小驴表示，三十而立在各个时代有自己的时代注释，孔子生活在物质比较匮乏的时代，能吃饱饭就满足了，如果再追求点"形而上"的东西，则善莫大焉。而现在是物质文明高度发达的社会，三十而立就是三十而富，衡量三十而立，需要车子、房子，以及社会地位来量化。

网友咖啡称，那种说用物质来量化"三十而立"是变味的说法，是站着说话不腰疼。如果于丹教授现在还在为一套房子愁眉苦脸，她绝不会谈什么心灵内省。仓廪实而知礼节，有恒产才有恒心。30岁前后的男人，正值谈恋爱结婚的关键时候，衡量一个人成功的，就是车、房等物质化的东西，没有人会嫁给空谈理想的男人。

网友江上则是观点比较中庸的代表，江上表示，而立之年，立什么呢？立家，有段稳定的感情，身边有个相依相恋的他；立业，找到自己的长处，并在工作中尽情发挥，有明确的努力方向或者奋斗目标；立身，一定要有个健康的身体，记得锻炼，这是本钱，革命的本钱，以及你照顾妻儿父母的本钱；立性，树立个人品牌，给自己定位，自己是谦逊的、睿智的、强势的，还是儒雅的？立兴，知道自己喜欢什么，不喜欢什么，并在兴趣上有所发展。

"能立"派 VS "难立"派

撇开"三十而立"的内涵不谈，"80后"是否"三十能立"还是"三十难立"，也在网友中激起热议。

持"80后"能"三十能立"的网友认为，由于"80后"所经历的特殊历史背景，他们曾经被贴上"垮掉的一代"等不良标签，但随着年龄的增长，尤其是前年5·12汶川大地震，以及北京奥运会期间，"80后"被称为"鸟巢一代"，长江后浪推前浪，随着时间的推移，"80后"正崭露头角。在政界，有湖北宜城市"中国最年轻市长"周森锋，有共青团山东省委副书记张辉；在体育界，有姚明、刘翔、丁俊晖；在艺术界，有郎朗、李云迪；在文学界，有韩寒、郭敬明……每个时代都有各自遇到的压力和困难，但这些困难能磨炼人的意志，"80后"也可以成为国家的栋梁之材。

持"三十难立"观点的网友认为，"80后"这一代正"毁"在房地产上。当他们成家立业时，正值房价飙升的时候，如果有"富爸爸"，尚且可以成为"富二代"，从事自己喜欢的工作，衣食无忧。而如果是"穷爸爸"的话，他们的一生，将贡献给房地产，不能从事喜欢的工作，只能从事高收入的工作，很容易迷失人生价值。被称作"蚁族"的"80后"大学毕业生低收入聚居群体，正是被毁的一代。而高校扩招，带来的教育质量滑坡，也在严重威胁着这一代人的社会评价。一位企业负责人曾极端地认为，现在大学生除了"英语好、懂电脑"，没有其他实际才能。不管是学有所成，还是社会地位，这部分"80后"都很难"而立"。

链接：看富豪们30岁都在做什么

李嘉诚：长江实业集团有限公司董事局主席兼总经理

1958年，30岁的李嘉诚在香港的资产已经突破了千万元，而他依旧是每天工作16小时，晚上还坚持自学。住的是老房子、穿的是旧式西装、戴的是廉价电子手表，没有任何奢侈恶习。他当年的名言在今天看来也不落伍——"简单的生活令人愉快"。

比尔·盖茨：微软公司创始人

这个曾经的世界首富30岁时正面临事业的最大机会。1985年，还只是一家小程序开发公司的微软与当时的PC老大IBM达成协议，联合开发OS／2操作系统。根据协议，微软向其他电脑厂商收取OS／2的使用费。比尔·盖茨抓住了最好的机会，四年间微软仅仅在操作系统的许可费上就盈利20亿美元，最终成就了庞大的微软帝国。

奥普拉：美国脱口秀女王、哈泼娱乐集团公司董事长

大学毕业后，虽然争取到在电视台主持新闻，但是她的黑人脸孔始终没有带来更多机会，面对现实，她转向访谈节目。在她30岁那年，终于找到了自己的转折点，在芝加哥电视台担当名人访谈节目的主持人。"做回你自己"成为她唯一的要求。她在节目里大胆表现真我，以"诚恳、告解"式率真风格俘获观众。

杨元庆：联想集团董事长

杨元庆30岁的时候已经是联想微机事业部的总经理了。他在联想最困难的时候临危受命，使联想电脑跻身中国市场三强，实现了连续数年的100%增长。

赖瑞·佩吉和赛吉·布林：Google创始人

30岁时，布林与佩吉已经成为家喻户晓的人物，全球超过3/4的搜寻来自Google，大家已经习惯用Google来表示"搜索服务"的意思。拷问："80后"，你拿什么来"立"？

步入而立之后，更多人方才知道"而立"不仅仅是一句口号，也不仅仅是一个年龄的称号，一个"立"字，不知道让多少人背负着沉重的压力，立业立家、立身立命、立言立德……究竟什么样才能"立"得住？是有房有车、是职场得意，还是婚姻美满？曾经飞扬洒脱、曾经愤世嫉俗、曾经"垮掉"过、曾经被人骂也曾经骂过人的"80后"们，在尘世的滚滚洪流中打滚厮混过一场之后，如今渐渐变得务实、变得沉默了。

成长在社会巨变中，出生在改革开放之初的"80后"，成长在中国社会变化最剧烈的时代，同样也承受着社会巨变所带来的种种影响。

"80后"无疑是最特殊的一代，因为他们完整地经历了中国变化最快的30年，不太早也不太晚。但也恰恰因此，"80后"拥有着最混乱的价值观，他们赶上了理想时代的末尾，也经历了金钱时代的成型。困扰"肋后"的伪命题是，年纪逼近30，众多的"80后"们面对着社会角色的变化和重新定位，"立"什么，立家立业还是立身立德？又该如何"立"，是赚钱升职还是修身养性？这是80后们面前的命题。

究竟什么样才能"立"得住？是有房有车是职场得意还是婚姻美满？对于"80后"来说，2010年是一个不普通的年份，因为它意味着众多的"80后"一代人正在和即将进入而立之年，正式成为社会的中流砥柱。关注："80后"，他们这样来"立"。

奔跑在梦想与责任的路上

30岁的张华英是平安保险江西分公司的中层。六年前，她刚毕业，在南昌碰上平安保险公司入驻江西。她应聘成为平安的一员。从电话接线员升到保费部经理，华英用了六年。她总结："过去我也曾迷茫，但30岁了，回想起来，其实梦想化为每天的奋斗，就是做好当下的工作，工作中多承担责任。比如我在考中层资格的时候，是一个团队的小组长。每天我是组里最晚下班的。加班到8点才回家，10点准时复习备考，12点睡觉。第二天6点起床，再复习一个小时。每天坚持完成当天的任务，三个月后我成功了。"

家庭是温暖的港湾

很多"80后"自己都觉得，人们可以批评他们生活迷惘，但是没有人可以怀疑他们对家庭的爱和对父母的孝顺。"父母生我养我，真的很不容易。"出生于1982年的张鹏说，父母刚为他买下了一套房子，这几乎是他们的全部存款。张鹏在医大研究生毕业之后，就成为一名医生。每个星期要当三个晚班，周末还要轮班，工作让他很少有时间待在家里。因此，除了不能常回家看看，他用尽办法孝敬父母。张鹏告诉记者，虽然他和父母住在一起；但曾经整整一个星期没见过他们。其实并不是"80后"不孝顺，而是他们工作太忙。张鹏说现在他一有时间就在家陪父亲聊聊家常，陪妈妈买菜逛超市，享受天伦之乐。

在成长中追逐爱情

人们总是说"80后"的爱情过于悲观，现代爱情如同速食快餐，多少让人有些怯懦。但"80后"对感情的执着、对美好的追求，构成他们成长中爱的轨迹。刘维大学的时候对爱情的理解是：两个人在一起开心就行，我爱你你爱我，两个人的爱情可以征服整个世界。而现在，刚领到结婚证的他，想到了很多现实问题：生孩子，三星级的月嫂要3800元，好的奶粉一听200多元。"这是我们婚后的生活成本。"刘维告诉记者，和女友恋爱三年，现在已奋斗出了一套房子。"还有八万元贷款，我们两人每月收入7000元，日子不会太苦。"

展望："80后"，请勇敢面对自己的命运

零点研究咨询公司最新采用多阶段随机抽样方式，对上海、深圳、天津1553名常住居民进行人户调查，结果显示，55.3%的人认为稳定的工作是"长大成人"的最重要标准，"有自己产权的房子"（52.3%）、"婚姻美满幸福"（43.8%）、"有稳定的收入"（41.0%）等紧随其后。若参照这些标准来衡量，当前一大批30多岁的青年可以被定义为"三十难立"的一代了。

在包括笔者在内的很多传统国人眼里，30岁就是一个门槛，一座高山，必须要迈，必须要翻。在这个节点上，必须要对自己的过去与未来有个基本的评价：是否"成人"？是否有房？是否娶妻生子？是否有个稳定工作？纵横比对，我们无法不焦虑。

这些年来，我们看到了太多对青年的指责。比如"啃老""月光族""好高骛远"，更有甚者说现代青年是"垮掉的一代"。但很少有人把当代青年真正放到社会转型的大背景下全面地考量：在校学习时间一再拉长，踏入社会相对较晚；就业压力巨大，难以"乐业"；住

房昂贵，难以"安居"；社会关系复杂，也令他们一再彷徨……大家都觉得这是"蜜罐里长大"的一代，但真的独立面对生活的时候，有谁理解过他们的压力？如果真的要把"三十而立"作为标准，那么笔者也很想大胆说出自己的结论：当一个社会大多数的人到了应该"立"的年龄而无法"立"的时候，一定是我们的社会机制出现了某些难题，亟待解决。

于丹认为"三十而立"并不是一种外在的社会坐标，衡量你已经如何成功，而是内在的心灵标准，衡定你的生命是否开始有一种心灵的内省，并且从容不迫，开始对你做的事情有一种自信和一种坚定。钱穆先生则这样解释"三十而立"："立，能确有所立，不退不转，则所志有得有守。"用内心的坚定维系自己的平衡，用对不断变动的社会生活的体悟与理解收获内心的坚强，找到自己的人生坐标，这，才是对"三十而立"最有现实意义的阐释。所以，那些还没"立"起来的"80后"，请不要悲观丧气，无论在哪个岗位上，只要你充分把自己的价值和才能发挥出来，只要你把自己的生命过得充实丰盈，那你就是成功的！

（薛峰）

让我的声音继续陪伴你

他慢腾腾地坐起来，靠在床沿上，顺手拧开了床头的老式录音机。

"可恨世道不公正，只重衣衫不重人，这几天贵婿吃尽团圆酒，冷落了贤德小姐穷郎君。"声音婉转、苍凉，还有点儿沙哑。他就喜欢这声音，听了几十年，百听不厌。老太婆在世时，每天一大早，就一边在厨房里做早饭，一边哼唱着《五女拜寿》里的这个经典老段。其实，接下来的词，她就不大会唱了，但这几句，已足够他慢慢咀嚼了。

他闭着眼睛，认真地听着，回味着。这个习惯已经几十年了。唯一的区别是，现在听的是录音机，是老太太临走之前，自己录在录音机里的。她似乎预感到自己的日子不多了，所以，就将他平时最喜欢听她唱的几个段子，录了下来。没想到，她竟然真的撒下他，走了，他不相信。他不舍得。他什么也不想做，嚷着和她一起去，像个不听话的孩子。儿女们怎么安慰他都不行。

不知道是谁，无意间打开了床头那架老式的录音机，传来一个熟悉的唱腔："可恨世道不公正……"是她的声音。他一下子安静了，认真地听着。

"……冷落了贤德小姐穷郎君。"一段唱完了。间隙。沉默。只听到录音机里，磁带"吱吱"旋转的声音。"老头子，不早了，该起床啦！"突然，传来了熟悉的老太太的声音，像以往每个早晨一样。所有的人都吃了一惊。怎么会有老太太的声音？老式录音机里，磁带"吱吱"地旋转着，人们恍然明白了，是老太太录在磁带里的声音。

他怔怔地看看四周，半晌，似乎明白了过来，听话地起床。

吃过早饭后，他慢慢走回床头，再次拧开了录音机。平时这时候，她会一边在阳台上缝补，一边哼唱另一个唱段："辕门外三声炮响如雷震，天波府走出我保国臣，头戴金盔压苍鬓，铁甲战袍披在身……"还是这么几句。他斜靠在床头，听她在录音机里唱。唱完了，又是一段空白，磁带"吱吱"地旋转着，忽然，传来老太太的声音："老头子，记得到阳台上晒一晒太阳啊。"他关掉录音机，向阳台走去，在阳台的藤椅上坐了下来。旁边的小椅子空着，那是老太婆的，以前她都是坐在小椅子上忙这忙那。阳光斜斜地、很温暖地洒在阳台上。

时间慢慢地流逝。下午，他小睡一会儿。起床后，他拧开了录音机。"我只道怒气冲冲为何故，却原来为此区区的小事体，你道我不把公婆敬，我笑你驸马不知理。"他听出来了，是《打金枝》里的一段。年轻的时候，她就喜欢这出戏，那时候，虽然很穷，但为了打拼这个家，他们一起苦，也一起乐，留下了多少难忘的记忆。他的眼前，浮现出他们一起下放，在农田里干活的场景。

他的一天，就在老太太的唱腔里，慢慢地度过。老太太每唱一段，就叮嘱他去做一件事，好像她就在他身边一样。他听话地按照老太太的指示去做，就像她活着的时候一样，她唱一段，然后，哄他去做一件事情。

他觉得，老伴就在他身边，就在录音机里，随时为他唱他喜爱的越剧，叮嘱他要做的事。

晚上，他躺在床上，"多承梁兄情意深，登山涉水送我行，常言道送君千里终须别，请梁兄就此留步转回程"。他闭眼听着，隐约听见老太太对他说："好好睡觉吧，老头子，晚安。"他迷迷糊糊地应了一声。"咔嚓！"磁带转到头，自动弹开了。他嘟囔了一句："又说梦话了，你这个老太婆。"

（孙道荣）

年轻人要学会身心整合

今年是孔子诞生2560年，大家可能要问了，离当今如此久远的孔子创立的儒家，对我们今天有什么启发呢？启发很多，这就是国学的魅力，当把儒家思想与现代生活结合起来时，就能丰富我们的人生、充实我们的内心。

了解自己的人才快乐

瑞士有个著名的心理学家叫荣格，他说，一个人身体健康，心智正常，但是未必快乐。这是为什么呢？荣格的话说明了一个问题：人的快乐和身心没有必然联系。相反，有些人可能身体有病，心智也未必完全正常，但是他很快乐。我们就要问了，西方人如何面对这个问题？荣格提出了问题所在，他认为，现代人跟自我大过于疏离、异化，对自己不了解。

这使我想起了刻在希腊戴尔菲神殿上的一句格言——"认识你自己"。一个人是不是快乐，要看他是否了解自己，如果不了解自己，把社会大众所追求的东西，当成自己的目标，得到之后才发现不是自己所要的。英国作家王尔德对人生的观察非常深刻，他说："人生只有两种悲剧：一种是得不到我想要的；另一种呢？是得到了我所要的。"前半句话倒还合理，后半句就糟糕了，他说得到了才发现自己搞错了，和自己最初所想的不一样。

中国人很少看心理医生，难道我们心理都健康吗？不一定。我们的立足点有两个：第一，中国人传统比较重视群体，能从家人、同学的支持中化解压力；再一个，通过算命来解释人生际遇。在今天的中国，这两点都有些靠不住了，一是多是原子式小家庭，各自奋斗；二是算命也被认为不科学，需要理性的根据。这样，中国人和西方面临的问题就慢慢接近了。

这时候，把孔子拉进来，能面对西方的挑战吗？没有人敢打包票。

孔子的特质就在于，他把内在的精神特质完全展现出来了，为什么经过了两千多年，他仍然能够辐射出很强的光，因为他把"人"这个角色扮演得很好，把人的潜能充分实现，成为君子、贤者、圣人。大家听到这几个词都有压力，心里说又要我们修德行善了，问题是，你能不能讲个道理出来，说修德行善本来就是人心快乐的保证？

真诚是向着的前提

"人之初，性本善"往往只是小孩子们念，在成人社会没办法讲通。所以性本善是一种幻觉、一种教条。儒家所主张的理性要改一个字，叫作"人之初，性向善"。什么叫向呢？向代表一种真诚引发的由内而发的力量。真诚这两个字很有意思，因为人是所有动物里面唯一可能不真诚的，有些人甚至一辈子都不真诚。儒家强调真诚，真诚才有力量。坐公交时大家都抢座位，上来一位老太太，大家都装作没看见，各忙各的。突然，老太太摔倒了，大家争着让座，为什么？恻隐之心哪，你可以忍受汽车的颠簸，不能忍受良心的煎熬。人活着就有真诚和不真诚，不真诚就会计较，老太太上来，周围有比我年轻的，比我壮实的，凭什么是我呀？假设是自己的祖母呢？请问别人的祖母你为什么不管，你没有推己及人哪，老吾老以及人之老，这样想你就会心甘情愿地让座，真诚才有力量，所以，人心向善有个前提——真诚。

真诚绝不是天真幼稚，很多人说学儒家反而有很多限制了，我不能够得到许多利益，最后往往做好人吃亏了，这种吃亏实际上符合人性的要求，长远来看，是对人性最健康的指导。

儒家怎么看待善呢？你先不要问什么是善，先想想哪些行为经常被描写为善。《孟子》书中就有四个字——孝悌忠信，分析一下会发现，原来每个字都是"我"和特定的人适当关系的体现，父母、兄弟、朋友。儒家思想的"善"一定放在人与人中间，以真诚为出发点来实现。

真正的快乐是心中坦荡荡

孔子的儿子比孔子早两年过世，孔子等于是没人送终，弟子们守丧三年才离去，子贡"筑室于场，独居三年，然后归"。孔子生于富贵人家吗？不是，他出身卑微。孔于是一位政治领导吗？他在鲁国只做了五年官。孔子很有钱吗？更没有。这么一个人过世之后，学生们却主动地为他守丧。今天我们学习儒家，就要掌握真诚，力量由内而发，把被动变成主动，是我自己愿意友善，我愿意孝顺，我愿意勤奋。这样做的时候，内心的快乐就会展现出来。

一般讲快乐都会讲到很明确的效果，其实不然，真正的快乐是心中坦坦荡荡。孟子说："万物皆备于我，反身而诚，乐莫大焉。"这句话怎么解释，在我这里，什么都够了，什么都不需要了，我只要反省自己；发现自己做到真诚，就没有比这个最大的快乐了。换句话说，人最大的快乐就是心中完全真诚，仰不愧于天，俯不怍于人。

学儒家也要讲智慧

现在收入比过去高了，但比过去快乐吗？不一定，这就说明，快乐在内不在外，在外的话可能就陷入五个字的困境——重复而乏味。

一个人的生命，如果只有外面的活动，很容易重复而乏味，像我们开始上班都很开心，上班五年之后，还有这样的热忱吗？就变成例行公事了，开始上班的劲头，让你感觉生命每天都不一样，日新月异，感觉有理想。学了儒家之后会发现，这种热忱每一天都会存在。

由内而发的真诚是你每一天工作快乐的最重要来源。学儒家讲真诚做好人决不代表你要受骗，而你要思考，智慧不可或缺。西方有句话，做正确的事，把事情做正确。前者讲做好事，后者就是智慧。

有个词叫守经达权，意思是说把握住原则但能变通、不固执。人往往需要配合变化的需要。有人故意问孟子，如果嫂嫂掉到水里快淹死了，我这个做小叔的能不能伸手拉她。这个问题很难回答，因为古时候讲男女授受不亲。孟子说："看到嫂嫂掉水里不救那是豺狼。"所以人生有平常的情况，也有特殊的情况，儒家能随时应变。

学会身心的整合

当今人们通常存在这样的困惑，一方面明白钱财都是身外之物，要克制欲望，另一方面又被中产阶级的优越生活所吸引，停不下追寻的脚步，如何保持内心的平衡？这个时候，儒家就可能会起到一些指导作用。追求外在的生活条件，这是社会发展的方向和重要方式，本身没有错。重要的是你内心要有一种觉悟。我们谈论完整的人生，不能忽略"身、心、灵"三个部分。年轻的时候，很多人侧重身（外貌、体力、财富、地位等）方面要多一些，但是不能仅仅停留在这个层面。

身体健康是必要的，凡是和此有关的，都属于必要的；什么是必要？非有他不可，有他还不够。那我们还需要什么呢？需要心智的成长，人与动物的差异，表现在心智的精密度与复杂度特别高，但是如果缺少成长及发展的机会，心智的潜能弃置不用，那么人很可能不如动物。若要活得像一个人，就须不断开发"知情意"方面的潜能；若要再往上走，就会进入"灵"的层次了。如果忽略灵性修养，则人生一切活动对自己而言，将是既无意义也无目的的。所以，人生要想不困惑，就得有一套完整的价值观，必须针对上述身、心、灵三个部分，提出各自的定位以及彼此之间的适当关系。身体健康，是必要的；心智成长，是需要的；灵性修养，是重要的。有了健康的生理需求，就要发展知情意，进而寻求自我实现和自我超越。这样的人生才能走向智慧的高峰。

（傅佩荣）

志愿者苏阳的"安之若命"

　　读大学的时候，死党苏阳一直是大家羡慕的对象，因为她有一套属于自己的房子。苏阳家住四川省都江堰市，她的父母20世纪90年代就经营起了一家旅馆。早在苏阳读高中的时候，父母为她买了一套房子。房子地处都江堰市的黄金地段，宽敞明亮，随着房价的飙升，苏阳的房子变得越来越值钱，羡煞了我们这些眼巴巴盼房的同学。可是2008年的一场地震，让苏阳的房子化为乌有。

　　苏刚是个心思细婉的姑娘，对属于她的物品特别珍惜，总是越看越好，爱不释手。就连大学时代我送她的一只廉价的手链，她也仔细地收藏在自己的"百宝箱"里，不时拿出来把玩。可是，一场地震过后，一无所有。每每想起这些，苏阳就觉得心痛。

　　那一年，苏阳正好毕业。本来打算回家乡工作的苏刚突然改变了主意，参加了学校里的西部计划，成了一名西部志愿者。毕业之后，苏阳就坐上了通往青海的火车。在西宁参加了一个月的志愿者培训之后，苏阳抵达了她的服务地点：青海玉树。初到玉树的时候，苏阳的QQ签名不停地更换着，字里行间皆是微小的抱怨。自小在南方长大的苏阳不习惯高原多变的气候，也吃不惯滋味厚重的面食，所以对自己的境遇颇有些怨言。那时我常常收到苏阳的短信。她说志愿者每月只有800元的补助，还要自己解决吃饭问题。11月的玉树已经奇冷无比，办公室里条件简陋，三四个人合用一台电脑。对于自己一时冲动跑到了西部，苏阳有些后悔："原本是签了协议做三年志愿者，可条件真的很差，所以我决定改签成一年，一年期满，我就回去。"苏阳在QQ上地对我说。

可是后来在网上碰见苏阳的时候，她却绝口不提改签的事情。此时的苏阳，已经开始习惯高原的艰苦。因为从事的是宣传工作，苏阳已经发表了多篇新闻和通讯，闲暇的时候，她就试着写一些小文，投给报刊。临近年关的时候，苏阳的一篇文章在征文比赛中获得了二等奖，拿到了3000块的奖金，她用这笔钱买了一台小小的上网本，自此之后，她写作的劲头更足了。

远在南方的我，也常常收到苏阳从青海寄来的小礼物，有时是一把牛角梳，有时是一袋牛肉干，有时仅仅是一张卡片。这些礼物总能让我会心微笑：这丫头，恢复过来了呢！三月的时候，苏阳告诉我她读了"老庄"，有许多的感悟，于是开始写一本书，想结合"老庄"的哲学和自己的生命际遇来解读人生。听了这个消息，我打心底为苏阳高兴：她终于解开了思想上的结，开始一种新的尝试。

可是没想到，仅仅过了一个月，地震就突袭了玉树。哀痛和震惊之余，我很记挂苏阳的安危，不知道她是否幸运地躲过了地震的侵袭。我拼命地拨打苏刚的电话，可她的手机却一直处于关机状态。和我一样，许多大学同学也在急切地关注着苏阳，大家在QQ群里互相打听苏阳的状况，却始终没有得到答案。一周之后，我终于联系到了苏阳。原来地震的时候她正在去西宁开会的路上，所以幸免于难。町是她所住的那幢宿舍楼却在地震中被震塌了。她的所有财产，连同那写了一半的书稿，都被废墟淹没了。听到这个消息，我很担心苏阳。四川地震使她失去了很多，以至于后来的她一直不敢面对现实，这才远离故乡，去了西部。可是没想到玉树的地震再一次让她面对失去。我不知道这个丫头要怎样面对现实。

面对我小心翼翼地问询，网络那端的苏阳发来一句话："知其无可奈何而安之若命。"

我的心一凉：先前只听说她在读"老庄"，却不知道她已经变得这么消极。已经开始认命了。我一时不知道该怎样回答她。见我不语，苏阳发来一连串小问号。我只好硬着头皮安慰她：虽然地震无情，可是人生里还有许多美好的事情在等着你呢。

苏阳发来一个微笑的表情：你觉得我很消极吗，那你怎么理解这句话？

是不是说，既然自己不能改变命运，那就只好认命。仿佛……有些生死由命、成败在天的味道。我思索片刻，答道。

哈！苏阳发来一个大笑的表情：谁说安之若命就是认命？我告诉你，这句话出自《庄子》，它并没有教人们消极地面对生命。相反，我在这句话里读到了生命的积极启示。就是说，对于无法改变的事情要心平气和地面对，只有足够从容足够坦然，才能重新鼓起奋斗的勇气，然后全心投入到新生活中去。因为安之若命，所以不会遗憾不会抱怨，只是安安静静地接受现实，把它视为命运的必然，然后做自己能做的，尽力就好。

我不知道苏阳是不是曲解了庄子的话，却打心底佩服她的妙语。我知道，大震过后，苏阳不仅没有垮掉，反而越变越坚强。我不禁想起陈毅元帅的两句诗：大雪压青松，青松挺且直。说的不正是苏阳和许多大地震面前安之若命者的生命？

不久之后，苏阳的QQ签名改成了这样子：安之若命，故不忧，收拾旧山河，再从头。私下里，她悄悄告诉我，自己要留在灾区支持重建，还准备利用闲暇时间重写她的书。我回复给她一个微笑的表情，眼前又浮现出她那鲜活的面孔。

（张琦）

父亲臧克家：如火的爱心，朴素的人生

　　我的父亲臧克家如今已是望百之年的老人了。从1925年起便在文坛耕耘的他，不仅为中国文学宝库留下了自己的一份贡献，而且以他人格的魅力，做人处世的高尚胸襟赢得了人们的崇敬。身为他的大女儿，父亲身上那些熠熠闪光的精神和一件件感人至深的往事，更令我受益终生。

严于律己

　　严于律己，宽以待人，是父亲为人处世的一个信条。

　　父亲是在1957年由周总理点名，从出版总署调到中国作家协会工作的，至今已近半个世纪。在这并不算短的日子里，他无论是担任书记处书记、顾问、名誉副主席，还是当人大代表、政协常委，都一向严格要求自己，从不向组织开口提个人要求。逢年过节，常有中央有关单位和中国作协的领导亲自登门，关切地询问有什么需要解决的困难。每当这时，父亲事先必定再三叮嘱我们："一定不要给国家和组织添一点麻烦，不准提'困难'二字！"

　　然而，父亲在生活中当真没有一点儿困难吗？就拿住房来说，从父亲到作协工作后，一直是自己解决住房问题。先是租别人的房子住，1962年他自己出钱买了一座已经很旧的小四合院。由于房子年代久远又无力大修给全家带来了不小的困难：由于下水道不畅，面对天降大雨时"水漫金山"的险情，全家的壮劳力曾一字排开奋力向大门外舀了半夜水；"山雨欲来风满楼"的时候，家中能上房的男人便忙着用塑料布和砖块遮着房顶，女人则在屋中漏雨处安放接水的脸盆；从厕所墙缝中渗出的污水肆虐时，我们不得不在地面垫上砖块；就连六七十岁的母亲，也常常爬到房上去修补房屋……直到90年代中期，多次生病住院的父亲看住房实在潮湿阴冷，极不利于病体康复，才在91岁那年住进了由单位出面借来的楼房，直到今天，他还感念着组织上对他的这些照顾。

　　日子就这么一年年过去了，诸如住房这样的困难，都没能成为父亲向组织开口的理由。

　　严于律己的父亲一向把金钱、地位、名誉看得极淡。记得1950年代定级别的时候，由于工作需要，已被评为文艺一级的父亲，毫不犹豫地服从组织决定转为行政级。这样一来，每月的工资收入一下少了近百元，在那个工资水平很低的年代，这确是一笔不小的数目，而父亲对此只是淡然一笑。近些年，有的作家又将行政级改为文艺级，从而提高了收入，但父亲依旧对此不置一顾。平心而论，身为工薪阶层的父亲收入并不丰厚，许多他从小看着长大的儿刊、辈的小青年的薪金,都比他高出许多。记得1996年父亲住院时,一位看护他的年轻护士不慎将她的工资条丢在父亲的病房里,当她从父亲开玩笑的谈话中得知眼前这位享誉中外的大作家的工资收入远远比不上自己时,惊诧得半天合不拢嘴。对于这一切,从旧社会走过来的父亲常常真心实意地感慨着对我们说:"比比过去,比比中国的大多数人,我是非常非常的满足了。"

父亲在生活上非常俭朴。他的饮食穿戴,丝毫无异于普通老百姓。大约是出于山东人的习惯,只要有大葱大蒜花生米,他就会心满意足地吃得津津有味。现在年纪大了,几样荤素搭配的小菜和大半碗小米稀饭,是他可口的佳肴。许多客人都曾不约而同地感慨过老人饭菜的简单平常。在穿着上,父亲更是从不挑剔。他的衣帽鞋袜,真正是完全彻底地做到了"物尽其用",不到实在不能穿戴,绝不丢弃。1948年他花五块钱从小摊上买来的一件呢子大衣,至今在"超期服役"。算一算,它的年龄比我还大一岁,真可以放进"家庭历史博物馆"了。又有谁能相信,我的父亲至今还穿着打补丁的衣裤和袜子呢?

俭朴的生活是父亲质朴人生的一个缩影,严于律己的信条使他的人生更多了一份光彩。这一切给予我的,是对"身教胜于言教"的深深感悟,是耳濡目染后对自己人生与灵魂的诘问:我应该怎样做人?

宽以待人

严于律己的父亲一向宽以待人。他常常语重心长地告诫我们，对人要宽厚，要多为别人着想，为他人创造一个宽松、宽泛的生活、工作环境。他是这样说的，也是这样做的。

在我家工作了近二十年的老保姆，干活儿勤快为人可靠，就是脾气太坏，不仅对我们做儿女的态度不好，有时还顶撞我的母亲。气不过的我有时劝父亲换个保姆算了，而父亲对此却投反对票。他说看人要看大节，谁能没有缺点呢？在父亲的感激下，我们全家人都宽以待人，把她看成这个家庭的一员。过春节不仅每人都额外补贴一些钱给她，她儿子结婚，除全家人都送了贺礼，父亲还亲自为新婚夫妇写了贺词。这位保姆的老家安徽闹水灾时，父母亲又给她家寄了钱。当她最后离开我家时，两位老人还给了她一笔安家费。而这位脾气不好的老保姆后来到其他人家工作，都没有做长久过。我想如果不是父亲和我们全家人宽厚地对待她，她可能不会在这儿一干二十来年，不会至今还留恋着我们吧？

就是对待伤害过反对过自己的人，父亲也是一视同仁，初衷不改。有两件小事，至今清晰地记在我的脑海中。

记得"文革"初始，一位与我家关系十分融洽的亲戚，由于生活窘迫，仍像以前一样来信求助。若在往日，父亲会毫不犹豫地送上一份关怀。但此时，父母亲处于危境，被造反派克扣后的生活费少得可怜，全家人生活十分艰难。我不忍心让亲戚失望，就好心地将一件自己正穿着御寒的棉大衣拆洗干净，又一针一针地缝好了，从可怜的生活费中挤出一点钱给她寄了去。谁知，却遭到对方的讽刺和奚落："你们是在打发叫花子呀！"曾天天穿着这棉衣的我，那样真切地感到心的深处被狠狠地刺伤了，自认为更加看清了人间冷暖，世态炎凉。"文革"后，这位亲戚又后悔不迭地想与我家接上联系，仍旧耿耿于怀的我说了些颇有情绪的话，父亲听到了，立即严肃地对我说："因为历史和社会造成的人与人之间的隔阂、误解，不应当由某个人去承担，难道还要因为那种岁月，而失去更多的东西吗？"父亲的一席话，教会了我许多东西。

还有一位"文革"前和父亲关系不错的年轻人，与父亲在同一单位工作。"文革"中为了表明自己立场的坚定，在批斗父亲时格外严厉，并有些出格的举动。"文革"结束之后，他多次登门，对父亲毕恭毕敬，连父亲讲的话，都要拿出小本子一一记下。父亲不计前嫌，亲切和蔼地劝他打消顾虑，并诚恳地表示"我们今后仍旧是朋友"，从而与他恢复了友谊与往来。多年后，这位已调到外地工作的忘年交定职称时，来信请父亲为他写业务鉴定。父亲不顾年迈体衰杂事缠身，热情认真、字斟句酌地为他写去了中肯的评语，令他深受感动。我想，这位已不再年轻的朋友，一定于鉴定之外，还得到了受用一生的馈赠。

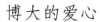

博大的爱心

1905年出生于山东农村的父亲，亲身经历了中国几个不同的历史时期，目睹了，日中国的黑暗和劳苦大众（尤其是贫苦农民）的深重苦难。这一切，使他从青少年时代就走上了追求光明与解放的道路。极深刻的切身感受，令父亲发自内心地热爱新中国，热爱共产党，热爱我们的民族和人民。这爱，是父亲一切行动的根源与出发点。他的所作所为，使人们看到了他怀揣的那颗博大的爱心。

1993年8月的一天，年近九旬的父亲收到了一封寄自甘肃武威市的来信，写信的人是素不相识的失学少女常清玉。这个中考成绩达到594.5分、平日学习刻苦的好学生，却因父母离异家庭生活困难而无法升学。求学的热望使她拿起笔，给远在京城的老诗人写了一封长信。这封在绝望之中写出的信，深深震撼了父亲的心。他立即亲自用毛笔在宣纸上为这个身处逆境的孩子，题写了"克服困难，艰苦奋斗，努力工作，来日方长"16个情深意切的大字，又嘱托我的母亲马上给清玉回信，鼓励她不要丧失生活的信心和勇气，要勇敢地与困难和命运做顽强的抗争，去争取自己美好的未来，随即又汇去了钱款以解燃眉之急。这样，父亲还放心不下，又给甘肃《少年文史报》主编吴辰旭写去一封信，他满怀真情地写道："有件事十分牵连我的心绪，甚为不安。你省武威市一位小姑娘（16岁），初中毕业考第一，因为父母离婚……使她有大志，不得升高中，情绪恶劣。希望你就近能对她有所帮助，或加以鼓励，使她有点安慰，叫她知道人间并非冰窖，还有温暖。即使不能升高中，在工作上，在人生道路上鼓勇气，不消沉。这是我的一件心事。你们每次寄我《少年文史报》同期两份，望分出一份给这个可怜的小姑娘寄去。"

在父亲的带动和感召下，《少年文史报》《甘肃日报》《法制日报》《中国教育报》《新闻出版报》等报刊，先后报导了这件事。父亲那片炽热的爱心，给求学无门的常清玉带来了光明与希望，全国各地许许多多素昧平生的人，都纷纷加入这支爱的行列。当常清玉顺利地升入武威一中高中的消息从一纸飞鸿传来的时候，父亲笑了。然而，口中不住地念叨着"这下我就放心了"的老人家，并没有真正放下心来。孩子在新的学习环境中生活得怎样？成绩好吗？是否保持了那股顽强刻苦的精神？这份牵挂，仍旧时时萦绕在他的心头，他时常叮嘱母亲给清玉和她的班主任写信，询问各方面的情况。当得知清玉学习比较吃力时，父亲立即去信鼓励她不要灰心气馁，要迎头赶上，努力把自己锻炼成国家需要的有用之才；得知正处在生长发育期的她有时只买半个馒头充饥时，父亲心疼得寝食不安，立即将过去不定期地在经济上资助她改为每月补贴100元。对这个素不相识的女孩，父亲倾注了多少关怀和爱！这绵绵不尽的爱，正是从他那永不枯竭的爱心的泉眼中涌流出来的呵！

这只是经常发生在父亲身上的类似事情中的一件。已经走过了九十六个春秋的他，历经世间沧桑，饱览人生百态，却始终以一颗摒弃了世俗与功利的爱心和满腔真情，关注着周围的世界和人们，这是他处世与做人的一个非常显著的特点。

记得多年以前，孩子们企盼的乐园——中国少年儿童活动中心破土动工，为了购买寓教于乐的科技仪器，筹备组的同志四处筹款。父亲毫不犹豫地将刚刚拿到手的出版文集的一万元稿酬，全部捐献出来。活动中心正式落成那天，父亲被欢乐的孩子们簇拥着，胸前飘动着一条鲜艳的红领巾。望着一代新苗如花的笑脸，父亲觉得自己得到了极大的回报！

在我们全家居住了近四十年的那条胡同里，父亲爱孩子是出了名的。他的衣兜里总是放着些糖果，出门散步时便分给他们。有许多孩子是吃着父亲的糖果长大的。有一次，一位刚刚被送到我家附近的幼儿园日托的三四岁的小男孩，哭闹着就是不愿去。父亲见了，心中十分不忍，百般劝慰后又给了他一大把糖果，男孩才抽噎着进了幼儿园的大门。父亲后来几次走到这大门边，要听听还有没有男孩的哭声。第二天一早，又特意在我家大门外等候，看他没有再哭闹，才安下心来。又有一次，住在附近的一个小学生，拿着自己的一篇作文，腼腼腆腆地请父亲"提提意见"。父亲十分上心地看了，很喜爱这篇出自稚嫩手笔的小文章，于是又十分上心地将它推荐到一家少儿刊物上发表了。当这位小作者拿着生平第一次得到的40元稿酬来报喜时，父亲真比发表了自己的作品还高兴。像这样的事，父亲做过何止一件两件。不少孩子在举家迁入新居之后，还和父母一块来看望他们喜爱的"臧爷爷"。由于父亲年纪大了，精力有限，客人来访，一般要事先约好时间。但是有几个父亲看着长大的孩子，却偏偏有种特权，可以不分时间理直气壮地破门而入。问他们有什么事，他们头一扬，稚气十足地说："也没什么大事，就是想找臧爷爷说几句话。"在孩子的心目中，臧爷爷既是尊敬的长者，也是可以讲知心话的朋友。

由于父亲是著名作家，慕名来访和请他办各种事情的人络绎不绝，有时一天就有十几份之多，这对父亲来讲，真是很大的负担。但父亲在身体、精力许可的条件下，总是无偿而尽力地做这些事，而且做得非常仔细认真，有时为人写条幅，一连写了八幅才满意。因为，他总是把这些额外的工作看作是为人民服务的一个渠道。多为他人做事，做好事，他乐此不疲。如果有些文学青年，尤其是想通过文学创作来改变自己处境的农村青年，一头大汗、一身尘土地不远千里来叩响我家的大门，父亲总是热情地接待他们，关切地叫家人打来洗脸水，端上热饭菜。并再三叮嘱他们要脚踏实地地在生活中提高文学素养，积累文学素材，绝不能指望通过获得成功秘诀而在文学创作上一蹴而就。对于生活困难的，父亲还会送上归途的路费。但父亲的爱绝不是无原则的，当他为别人（尤其是年轻人）的文章、书籍写评论和序言时，一贯是有一说一，有二说二，在提出优点的同时指明不足。他认为，这才是对朋友和青年人的真正的爱护与负责，"捧杀"照样是误人的。

不仅如此，每次支援灾区和贫困地区的时候，父亲总是所在单位名列前茅的积极响应者；"希望工程"刚刚实施，父亲就和母亲一道资助了数名失学的小学生。他曾多次为重病、伤残、失去父母的孩子捐款，就在他重病住院、病情危急的时候，还念念不忘再三叮嘱家人，别忘了给常清玉寄去生活费和补贴她全家过春节的钱……

父亲关心的事还很多很多

街坊邻里哪家的年轻人结婚，只要他听说了，必亲自送去份贺礼；

发现大门口花坛中盛开的鲜花被人摘走，他会心痛地马上返回家中，亲笔写一块"好花共赏，大家爱护"的告示，贴在醒目的地方；

如果散步中的父亲发现附近垃圾站的地上太脏，他甚至会拿来扫帚打扫干净……

父亲在暮年曾写过一首短诗："我／一团火／灼人／也将自焚。"这是他一生的写照。

怀着如火的爱心，给他人送去光明与温暖；在爱的圣火中，燃烧自己的生命，这，就是我的父亲。

（臧小平）

盲女大学生，用善良与真诚开辟明亮的人生

　　1976年4月6日，在风景秀丽的海滨城市青岛市南区一家医院里，一个女婴呱呱坠地，她就是孙恩。可是由于眼底血管纤细导致眼供血不足，属先天性双目失明。

　　转眼间，小孙恩长到了8岁，她生下来就与黑暗结伴，从未与光明同行，所以小孙恩并未有一丝一毫的苦恼。直到听到楼前的同龄伙伴，每天早晨互相打着招呼上学去，她才感到自己与别的孩子不一样。她哭着喊着缠着爸妈也要背起书包进学校。父母把要强的孙恩送进了盲校。1994年，孙恩完成了9年义务教育的学习，是留守家中靠父母养活，还是继续深造求学，她有生以来第一次与自己至亲至爱的父母发生了争执。"知儿女莫过于父母"的爸妈，最后不得不依了她"自强自立自己养活自己"的生活主张。同年7月，孙恩以全盲校总分第一名的优异成绩考入了青岛盲校中专部，开始了为期3年的按摩推拿专业学习。在中专部，孙恩是学习最刻苦的学生，她每分钟的盲写速度达到了50个字以上，盲摸速度达到了200个字以上，在中专部没有人能超过这个记录。为了熟悉掌握按摩推拿技能，

孙恩不仅仅满足于书本知识，而是主动接触患者在实践中提高。三年中，经她按摩的患者达800多人次，义务服务对象长达700多小时，有效率，显效率与治愈率，分别达到了95%、80%与70%以上，她成了全校闻名的"小郎中"。

1997年9月，孙恩以高出录取分数线近50分的优异成绩，一举考取了全国唯一一座残疾人特殊教育本科院校——长春大学特教学院针灸推拿专业。

在金钱与物惑的挑战面前，她用行动定位人生坐标

进入高等学府后，孙恩就一心扑在了学业上，她要用优异的成绩回报远在千里之外牵挂着自己的爸妈，她要用正规推拿专业本科教育学到的本领，为自己拓宽一条人生的求索之路。然而，一件不经意的小事，却使孙恩从"两耳不闻窗外事，一心只读圣贤书"的封闭单一的象牙塔中走了出来，从而改写了她为期5年的大学生涯。

1997年10月的一天下午，57岁的刘老师一瘸一拐地来到了针灸按摩系求援。原来，他在给同学们上体育课时不留神闪了腰，连走路都困难。同学们一致举荐了学业最优秀，手法最娴熟的孙恩。孙恩一搭手，就知道刘老师是腰部扭伤，她利用推、摩、按、敲等套路，治疗了仅半个小时。神了，刘老师扭扭腰，扔扔腿，迈迈步，一切完好如初。

此后，"按摩推拿系，有个小神医"的消息，就在特教学院，乃

至整个长春大学不胫而走。孙恩成了大忙人，每天中午一下课饭还没吃完，每天晚上刚回到寝室，患病的老师同学与员工就会找上门来。心地善良，乐于助人的孙恩从来都是来者不拒，都会使对方乘兴而来，满意而归。为别人义务服务的每一天，孙恩都是快乐的，尤其知道患者经过自己的诊治解除病痛后，又能轻松愉快地投入工作学习时，她的心里比吃了蜜还甜。

有些时候，有些情况下，一个人声名远播，知名度得以快速提升之后，也并非好事，随之而来的就是摩肩接踵的麻烦与无奈，孙恩就面临着这样的尴尬。起初，到孙恩这里来治病的人，还仅仅局限在校园的小范围。每天充其量也就是三两位患者，耗时不算太多，也不算太累。可过了一段时间之后，闻讯慕名而来的患者与日俱增，挤破了孙恩寝室的门槛，既有附近单位的职工，周边地域的居民，还有从市区四面八方赶来的求医者，孙恩每天至少要接待10来位患者，业余时间都开付到了这上面，每天累得腰酸背痛，她的学习成绩也开始下滑。

在特教学院，为了照顾残疾大学生的身体，每天上午授课，下午自习。每到自习时间，有的同学潜心钻研功课，有的结伴逛大街，上公园，而孙恩却要义务接待素昧平生的患者，她开始犹豫了。几乎与此同时，一家个体中医按摩诊所的老板找到孙恩，执意要聘她做兼职按摩师，月薪1000元。每天只需工作四五个小时，孙恩有能力有时间打这个工。孙恩的家境不富裕，每个月只能收到爸妈寄来的200元生活费，即便省吃俭用也时常会捉襟见肘。学校提倡家境贫寒的学生勤工俭学，一些精通按摩技能的同窗，以收费创收为目的开始了从医生涯，月收入都不少于千元，她开始徘徊。按摩一个患者，以最低取费标准10元计算，每天的净收入就可达到百十元，一年下来她就可以成为万元户，孙恩不能不心动。

1998年元旦刚过，孙恩正坐在教室里温习功课迎接期末考试。门被推开了，一位背驼得已成30度角，年逾五旬的农村妇女步履蹒跚地走了进来。这位家住吉林省德惠市的魏大娘患"罗锅"病已经5年有余，跑了四五家医院，破费了上万元，病情也没有好转的迹象。当她从长春大学回家探亲的大学生那里知道了孙恩，专程赶到省城找她求医问药。初次见面，家境窘迫的魏大娘从怀里取出一个纸包包，里面包裹着10枚红皮鸡蛋："闺女啊，大妈知道你累啊，乡下人也没啥稀罕物，这就给你补补身子骨吧……"魏大娘朴实无华的一番话，点亮了孙恩心中的一盏光明之灯，两行热泪扑簌而落，"人间最重是情真"，有什么能比人世间人与人之间的真情更动人心扉的呢？也正是从这一刻起，孙恩下定了决心：无论多苦多难，也要把义诊服务这件事做到底。

义诊4年来，孙恩没有收过患者一分钱，一份礼，先后婉拒了458位有"表示"的患者的钱物。此后，前来求治的人再也不敢给她送礼上货了。因为那样做，这位盲女学生不仅不会欣然笑纳，而且还会勃然大怒，把你逐出门外，再也不允许你登门，更不消说为你治病了。

为了学业义诊两不误，孙恩付出了比同窗更多更多的心血的代价。每当万籁俱静，寝室里鼾声四起的时候，孙恩却趴在被窝里用手摸着盲文版教材，全心全意地温故知新，很快就使学习成绩又在全系处于领先地位。

在得与失的挑战面前长大的孙恩用行动做出庄严承诺

2001年"五一"长假整整7天，整个寝室里只有孙恩一个人在留守，她不是不想家，她不是不想探视年迈的爸妈，而是她没有这种机会，别人都过节放假，可孙恩却闲不下来，每天要接待15位患者，从5月1日到7日排得满满的，这些工作繁忙的患者只有在节假日才有暇来求治。4月29日夜晚，一个长途电话打到孙恩的寝室，听筒那边传来一个久违了的亲切的声音，是远在上海的哥哥远别爸妈三年后头一次回家探亲，电话是从青岛打来的。哥哥对妹妹说，无论如何你也该回来一趟，不然咱兄妹再相见还得整整再等三年哪。见小妹支支吾吾的样子，哥哥又说，缺钱我把坐飞机的款子给你汇过去，感觉不方便，哥亲自去接你……反复权衡后，孙恩还是把心倾斜向了她的百多名患者。

在为患者义诊服务的日子里，孙恩有时也感到自己近乎绝情，近乎冷血，她愧对的除了尚可以理解自己的亲人之外，更多的则是友情。2000年阴历八月十五那天，长春大学的102位山东老乡在一家星级饭店举办同窗会，会长为每位老乡发去了请柬，孙恩高兴地收下了这份友情。可当她准备去赴同窗会前一个小时，一辆出租车停到了她的寝室门前，原中国美协副主席、吉林省美协主席黄秋石的夫人风尘仆仆地赶来，说黄老的腰今晚疼得厉害，躺在床上无法入眠。恰在此时，同乡会会长也打发人前来请孙恩赴宴，说同窗之中只差她一个人了。孙恩拿出了身边的小型录音机录下了这样一段话："各位老乡，今天实在对不起……作为医生是没有理由拒绝患者的……我只有在这里对大家真心地道一声'对不起'，有暇的日子，我请客，补上欠老乡的那份情和义……"孙恩把录音磁带交给来人，带到了同乡宴席上。

孙恩在一定程度上愧对亲情，违约友情的同时，也收获了不菲的回报——患者病情的好转，就是对她无悔付出的最佳回报。那位来自德惠乡下的魏大娘，经过孙恩11个月的治疗，背上30度角的"罗锅"已经被直了过来，连权威医院的专家也承认能够直"罗锅"的医生"不一般就是不一般"；一个仅有8个月的女婴，患小儿便秘症好长时间了，药没少吃，大夫没少看，却病情依旧，女婴已经瘦得皮包骨，孙恩采用按摩的方式治此顽症只有短短3个月的时间，孩子竟奇迹般地痊愈了；67岁的张大娘患头痛症已经9年了，大医院诊断为神经性偏头痛，每天靠吃止痛药缓解病情，病重时一天要吃7片。后来，张大娘找到孙恩，她用推、揉、点、颤、按、敲等六大按摩手法开始为张大娘治病，18天后老人家9年沉疴竟奇迹般地得以痊愈。

在荣与辱的挑战面前诚实的孙恩用行动演绎着奉献

在现代社会中，虽然需要好人去打造良好的世风，而且好人越多社会风气越纯正。然而，事实又是那样残酷无情地明摆着：好人难当，做个好人不容易。

1999 年新学期刚开学，一位花枝招展的女人，就一天三次找到孙恩求治，她说她腰、背与身上的所有关节都疼，既没到医院就过医，也说不清患的是何种病症，孙恩手诊后并未发现病变的异常，但她还得无怨无悔地为人家按摩下去。直到 3 个月后，几乎天天前来按摩的那个女人，一连十几天没有露面。从警方传来的消息把孙恩惊了个透心凉，一种爱心被亵渎，热心被冷却的悲怆感油然而生。原来，该女人竟是一位"按摩女郎"，她在洗浴中心提供按摩服务收取暴利，乏了累了之后，却要到孙恩这里享受不取费的义务按摩，目的只是为了解乏，为了舒服。生活中，孙恩不仅碰到过受了别人关爱不领情、不道谢的主儿，而且还要承受着个别人的非礼与责难。

然而更多的则是好心人的帮助。2001 年 4 月 8 日早晨醒来，孙恩感到头晕脑涨，周身无力，连爬起来的力气都没有。同窗们问候了一两句后就都上学去了，孙恩钻在被窝里瑟瑟发抖。"丁零零！"忽然一阵急促的电话铃声骤然响起，听筒那端传来一个熟悉的声音，是某医院的一位护士打过来的，孙恩治好了她的腰突症后，二人就成了莫逆之交。每隔一两天，这位细心的护士就会打过一个电话来，问一问孙恩有没有什么事需要自己帮忙……当这位护士听到孙恩有气无力的话语时，二话未说打车赶来把孙恩送到了省立医院。经诊断，孙恩患流感高烧已达40度，倘若再晚来一些，就会烧出其他病症来。

还有一次，孙恩摸索着到距校园不远处的商店去买洗漱用品，突然天降大雨，没带雨具的孙恩被雨水浇淋着。当穿越一条快车道时，见孙恩慢吞吞的样子，年轻的出租车司机竟口出不逊。一位手持雨伞的中年男子快速奔过来，为孙恩遮住了纷纷射来的雨箭。这位中年男子是一家研究所的工程师，孙恩治好了他妻子的肩周炎。他一直打着雨伞，陪孙恩买完了洗漱用品，又把她护送回寝室才离去。

2001年元旦前后，是孙恩爱心大收获的丰硕期。她先后收到了108位经她医治过的患者寄来的新千年贺卡。一张贺卡一颗心，孙恩如获至宝般地把贺卡珍藏在书箱的最底层。

这一件件看似平常的小事，却使孙恩的心头燃起了一团团火，有这么多人关爱自己，肯定自己，她没有别的方式去回报大家，只有靠自己灵巧的一双手去为别人减轻病痛。"再有一年，我就要走出校园了。到那时，我准备开一家个体针灸按摩诊所，在创收盈利的同时，继续为社会弱势群体义务服务……在最后一年的大学生涯中，我的目标是为患者义诊突破1500人次，也算为大学义诊生涯画上一个圆满的句号……"孙恩神采飞扬，那双看不见物体的眸子里分明闪烁着一片光明……

（卢守义）

低学历者如何在求职中获取成功

近年来，我国大中院校毕业生的人数逐年递增，仅就1999年计，抛开占绝对数目优势的高校毕业生不说，仅较低学历的中专毕业生就有150万左右，还有不计其数的职高生、技校生，其队伍更为宏大。面对如此庞大的毕业生群体，社会劳动力的接纳能力却不能与之相适应，加之军队转业干部需安置和数额不小的下岗职工需再就业，因此，社会劳动力就业的压力正逐年增大。在社会劳动力过剩的情况下，许多大专以上的高学历者就业尚不能如愿，而低学历的中专生、职高生、技校生的求职就业形势无疑会更加严峻。

那么，面对这一严峻的就业形势，低学历者如何在求职中获取成功呢？

从山脚下开始跋涉，从低层工作做起。毫无疑问，与高学历者相比，低学历者与之求职竞争必然身处劣势。因此，低学历者在求职的开局设计时，思想上对此就应有充分的认识和准备，即不要好高骛远，不要贪大求全，要把求职设计先定在低层目标上。因为，人生的步子从低处向高处走是符合事物发展规律的。尤其是，低学历者初涉社会，先从不起眼的低层工作做起，会使自己更易于适应社会、适应环境，这样，成功的概率也就大得多。如果你不顾自身实际，把求职的岗位目标定得太高，那么，失败的概率也就更大。

尚斌从技校财经专业毕业后到一家制药公司求职。当时，这家公司所招聘的有会计、出纳、文秘、营销策划、技术设计、安全保卫和部门勤杂员等十数个岗位。招聘者在看了尚斌的材料后问："像你这样的情况，能干些啥呢？"显然，招聘者是嫌尚斌的学历太低。因此，尽管尚斌觉得自身的技能完全可以胜任财会工作，但他还是有意地降低了求职要求，说："我愿意做勤杂员，并努力干好本职工作。"招聘者见尚斌非常谦逊、有敬业之心，便很快录用了他。

发挥自身技能优势，用真才实学亮出本色。中专生、职高生、技校生与大学生、研究生相比，尽管理论知识的探索与积累明显处于劣势，但是，这些低学历者在就学时往往侧重于操作技能的掌握。因此，从某种意义上说，这些学历较低却有技能优势的中等专业毕业生更适合于用人单位。尤其是，一些用人单位虽也讲究求职者的学历，但更看重其实际操作技能。他们最忌讳的是那些理论上夸夸其谈，而实际操作却一筹莫展的平庸者。有鉴于此，低学历者在学校时，就应看到自身的优势和劣势，在学习时，就应该刻苦奋斗，努力钻研，掌握一技之长，用技能之长，补学历之短，在低学历的学校里打造出高超的技能优势，以适应社会就业的需要，这也是使你求职成功的预备策略。同时，在求职时适时地、最大限度地展示你的技能优势，以自己的真才实学赢得用人单位的青睐，这是使你求职成功的又一策略。

小莉就读于卫校口腔专业，还是在毕业实习时，实习医院的某些医师、员工就因她的学历低而鄙视她。于是，小莉暗暗下定决心，一定要竭尽全力掌握本专业技能，因此，她在实习中非常用功刻苦，实习结束毕业时，终于较扎实地掌握了本专业的操作技能。毕业后，小莉到某医院求职，院长在看了她的学历后拨浪鼓似的摇起了头："不行不行，这么低的学历……"然而，小莉并不气馁，她底气十足地跟院长说："你可以不正式聘用我，先让我试试，如果行，留不留再定，如果不行，我立马走人！"院长见小莉如此自信，便破例试用她三个月。结果，小莉以其高超的操作技能和真才实学胜任了这一工作，令院长刮目相看。接着，院长主动跟上级业务主管部门和人事部门联系，要求将小莉留在该院工作，小莉因此而如愿以偿。

冷静地分析劳动市场形势，钻入"冷门"显身手。有这么一则故事：有一座山发现了金矿，于是，上山淘金的人们蜂拥而至。然而，有一个中年汉子见人们疯了一般地拥上山去淘金，他却另辟蹊径，在山脚下摆起了一个茶水摊。结果，因为人多金寡，不少上山淘金的人都徒手而返，而中年汉子茶水摊前的生意却异常火爆。这里，卖茶水的中年汉子就是选择了挣钱的"冷门"而取得成功的。因此，在当前某些部门和专业比较热门的情况下，低学历者求职就业时应该善于选择"冷门"展开攻势，这样，成功的概率就会大得多。

张燕从师范学校毕业时，在本市等待就业的应届大中院校的师范毕业生已有五十余人，且大多系高校生，而本市教育系统只能容纳三十余人。显然，作为中专生的张燕明显处于劣势。然而，张燕通过冷静观察、调查和分析，发现这批应届毕业生都趋之若鹜地求职于城镇学校，而乡村学校却乏人问津。于是，张燕决然谋职于一所乡中心小学。结果，许多意欲求职于城镇学校的大学生都未能如愿，而张燕却很快便去学校报到了。

先找一块落脚的位置，然后谋求新的发展机遇。我们过溪流，有时要先踩上一块石头作为"跳板"，然后从这块石头上跳向前方的另一块石头上，最终到达对岸。同理，在当前求职就业形势较为严峻的情况下，低学历者求职时不要把所谋的第一个岗位作为终身岗位来考虑和看待。其实，在21世纪，人才流动已成趋势，在这一社会趋势的导引下，人们的"单位"意识将会淡化，而所谓的"长工""短工"将会流行。因此，低学历者为了在毕业后尽快谋到职位，应该把欲望放低，先找一块暂且栖身的地盘安顿下来，然后再慢慢寻求新的发展机遇。这样，成功的概率就要大些。倘若你在求职伊始便不顾自身低学历的实际情况，而意欲"一锤定终身"，那么，成功的概率就小得多了。

小沈在职高的机电专业毕业时，内心也向往到国营的大中型企业去求职，但他在分析了自身的学历劣势后，决定先到一家不大的私营企业去暂且落脚，伺机再谋发展。当时，这家私营企业主很快接纳了他。后来，他在这家私营企业里干了三年，不仅自身的技艺得到了提升，而且社会上人际关系的局面也逐渐打开。这时，一家较大的企业集团相中了他，于是，他即"跳槽"去了这家企业集团。应该说，小沈在求职中的"缓兵之计"是值得低学历者借鉴的。

综上所述，低学历者求职成功的机遇无处不有，成功的途径也多种多样，而重要的，是靠你平时形成的人品修养和应聘时的用心捕捉。

（卢仁江）

南方寻梦：衣带渐宽终不悔

一

1970年春末，我生于四川省合江县尧坝乡一个叫石包丘的地方。家里很穷，从我读书记事起，每学期那几块钱的学费，是最让父母头痛的，经常是开学了还没着落。生活在这样的环境中，我很早就懂事了。从1980年开始，我就利用业余时间，泡在水田里捉黄鳝。

四川西南部的冬天会下雪。我每天提着鱼篓子，在寒冰扎骨的水田里簌簌发抖，那时候我长得又黑又瘦，在别人视线中，就像一堆高于水面的泥巴。

我在水田转悠了几个月，为母亲买了一双皮鞋，羸弱而苍老的母亲一把抱住我，伤心地哭了。那是1981年，我11岁。我想那时我已经懂事了。

二

1985年，我初中毕业，因为家境不好辍学了。三姐那时在贵阳马王庙粮店的面条厂打工，每月挣五六十块钱。在三姐的努力下，我进了面条厂。自己能挣钱了，第一个月的工资不为吃不为穿，却迷上了三桥新华书店，一有空就泡在里边。摸着身上那点钱，却又迟迟不敢动。而心中的求知欲又是那样的折磨人，姐把我的痛苦看在眼里，她默不作声地为我买了好多《写作入门》之类的书。

1987年春的一天，我在街头的广告栏里看到民盟贵阳自修大学的招生启事，我报了名。然而母亲来信担心地问："你能肯定学钱，想想舍不得，那七八公里的路程就只好靠了自己那两条腿。

1987年10月，我又上了贵阳文联办的文学创作培训班，那时我参加的为期半年的自修大学辅导学习还没结束。我开始两边奔波，要是不巧碰上两边都上课，我一狠心，就把自修大学那边的课放弃了。在我心目中，文联这边的课重要多了。那时，早已成名的叶辛，刚刚走红的何士光，都来给我们上过课。

然而仓库很快又进了"关系户"，我没背景，只好去贵阳九安矿区拉煤。

在那群赤裸着身子干活的矿工中，我的年纪和体格都显得单薄和羸弱。第一天下洞子，由于人小力气不支，加上没经验，我跟不上别的工友，结果拖着煤往外爬的时候，我很快就掉队了。四周阴森森的没有人，忽明忽暗的灯光使巷道更加幽冥可怕，我吓坏了，大声呼喊熟人的名字，可任我怎样叫都没人应声。下坡时我没撑住煤船，煤船往下猛冲，我一个前扑摔下去，挂在煤船上的电石灯晃了几下，熄了。四周漆黑一团，我感到自己真正地掉入了绝望的深渊！

当时我并不知道自己误入了早已废弃的坑道，那里被矿工们叫作"死亡通道"。我只知道不停地往前爬，摸索中我却发现前方已经无路可走了。我惊出一身冷汗，赶紧掉头没命地往回逃。

我实在受不了那恐怖的煤窑，结果只干了7天就逃回贵阳。1988年初春，我从贵阳坐车到成都，再转车去西昌市，跟着伯父学做木工。

这一年夏天，我一有空就满城乱逛，四处寻找文联之类的单位。我差不多就跑了半个城，终于找到了。我把我的一个小说习作塞进了《凉山文学》的投稿箱。

金秋十月，我的小说处女作《困惑》发表了。捧着那本散发着油墨芳香的《凉山文学》，我越来越坚信耕耘与收获的因果关系千古不变。

有一天，我在文化馆阅览室翻看《青年文学》，被作家刘毅然的小说《摇滚青年》深深吸引，直到出门回家，走在大街上仍能感到胸中有某种激情在来回奔突，接连几天，我都被一种莫名的情绪萦绕着，总觉得坐卧不宁，就仿佛有什么事儿即将发生似的，流浪贵阳的一些生活场景，老是在我脑子里晃来晃去，我终于感到了一种创作冲动。我躲在阁楼之上花了两个晚上的时间，完成了中篇小说《女孩是本难懂的书》。那个小说发在1989年第一期的《凉山文学》上。

三

因为谈了个女朋友要挣钱修房子，1990年2月2日。我到了广东省顺德市，进了均安磁性材料厂。

我的工作就是做各种形状的磁铁毛坯。活很脏，一天下来，满身满脸全是黑的，只有两颗眼珠黑白分明。而冬天更难受，每天用冷水洗毛毡，一双手上开满口子缠满胶布，一年四季都洗不干净。

然而，面对打工这个弱势群体，我心里有太多的话要说。有一天傍晚，我避过门卫混进了鞋厂，我无意间看到三姐和工友们在煮半生不熟的大蕉吃，那是广东人喂猪的东西呵！可她们饿……我的心颤抖了。我对打工的生活有了更为深层的认识，以此为素材，创作了影响深远的中篇小说《打工妹咏叹调》。

那时我住的是几十个人一间的大宿舍，为了不被打扰，我放下蚊帐，伏在床上看书写作，有几次太投入了，伏的时间太长，双腿竟麻木得半天不能动弹。有时宿舍里实在太吵，我便跑出厂门，钻进那半人高的鱼草丛中去，将书稿铺在膝盖上写作，草丛里的小虫子特别多，一个劲往身上爬，没多会儿浑身就痒得不行，有时一边写一边抓。有一次遇上下雨跑得慢，连人带书和稿纸全都湿透了。

躲草丛里不行，就又回到宿舍，找几块砖头叠起来，伏在床沿上写。由于床架太低，一会儿腰就痛得要命，而且人来人往，没法静下来。我苦恼了好久，终于发现一个好地方——饭堂，那儿有很多桌凳，比宿舍和草丛中好多了，唯一的缺点就是蚊子太多，而且广东的长脚蚊子很厉害，一口叮一个包，又痒又痛。那阵子，我几乎天天"挂彩"。

就在我潜心苦学之时，女友却变心了。为了爱我才远走南方，可远走南方的我最终失去了爱情！

工作之余，我差不多就一心扑在文学上，听说容奇文学会请了省作协的作家晚上讲课，我在下午交班后飞快地冲凉换衫赶往容奇。为节省几块车费钱，我踩着一辆破单车去，花了近三个小时，累得汗流浃背双腿发软。直到夜幕降临才赶到容奇，下课后，我又骑车往均安赶，回到时已是半夜。

有付出就有收获。1991年6月，我在《佛山文艺》上发表了中篇小说《打工妹咏叹调》，那个小说直到多年之后仍被评论家列为"打工文学"代表作之一。

1992年秋，我考入了广东作家协会文学院"工人作家班"进修。多年的生活积累，使我欲罢不能，一个接一个的小说在白天黑夜中诞生了。才几个月的时间，我就创作了二十多个中短篇小说，陆续在《作品》等省内外文学刊物上发表。

当我的小说四处发表时，我已回到均安那家工厂。那天我收到了一个特快专递，原来我被指定为广东省第一届青年作家代表大会特邀代表，让去广州开会，还让在大会上发言。当我把这消息告诉顺德文联的老师们，他们都吃了一惊，后来我才得知那次整个佛山地区才三名代表，我一个四川民工，竟"混"人其中！

我去了广州，当时的广东省委书记谢非听说我的情况，还专门叫人找我去，当面了解我的创作情况，并鼓励我努力学习和创作。

这一年，我创作的中篇小说《那窗·那雪·那女孩》发表后，连获《作品》优秀作品奖和广东省青年文学最高奖——新人新作奖。发表在广东省文联机关刊物《粤海风》上的中篇小说《关于未婚先孕》又被北京文学权威刊物《作品与争鸣》选了去，还配发文学评论。

同年，中央电视台"大路朝天"摄制组在均安就我的打工文学之路进行了采访，后来片子在中央二台"与你同行"栏目中播出。

1994年5月，中山人民广播电台招聘记者。电台三个台长听说一个四川打工仔来应聘记者，奇怪之余十分重视，亲自出来面试。末了，因为没有招民工为记者的先例，台长让我先回均安，等候消息。我想这次应聘肯定没戏了。

谁知不久，电台通知我过去上班。5月13号那天，我从工厂流水线上走出来，跨入了新闻界，从此开始了另一种人生。这一年，我24岁，加入了广东省作家协会。

10月，中山市《香山报》招记者，叫我过去帮手。不久便因成绩突出获市里特批，成为中山市居民。

1996年2月，我利用业余时间，参与创办了一份面向打工一族的报纸——《打工报》，并发起成立广东打工文学协会。我们把报纸的性质定位在正义和良知上，因此报纸刚一出炉，就受到读者，特别是打工者热烈的欢迎。我和我年轻的同事们为一些原本与我们毫无关系的工伤、劳资纠纷四处奔走呼吁，我们的报纸在打工一族心中成了正义的化身。可想而知，我们也因此得罪了不少有钱或有权的人。有一次，几个凶神恶煞的男人闯进报社，指名道姓要"搞死"我，那时我正在里间写稿，同事眼见情况不对，机警地说我采访去了，这才使我躲过一劫。后来才得知那是一个被我揭露过的老板派来的打手。

因为种种原因，《打工报》不到半年就停办了。它的夭折使我对那个城市失去了信心。1996年5月13日，我去《南海日报》副刊部里谋了一个位置。

在三个月的试用期内，每个星期我都来往于南海和中山两地。为了顺利过关，白天我搏命工作，晚上还得为深圳《大鹏湾》杂志赶写长篇小说《纯情时代》，之前已有几家杂志为我开辟了长篇小说连载专栏。

我经常熬到凌晨一两点才得休息。怕妻子一个人远在中山不习惯，每个星期五下班后，我都要搭几个小时的汽车赶回中山，陪妻子过周末，星期天晚上又匆匆赶回南海，直至把妻子也办来南海日报上班为止。1998年，我应邀为南方颇有影响的《外来工》写采访专栏，那一年多的时间，我几乎每天都在为打工兄弟姐妹的命运操心。

四

1998年初，香港《亚洲周刊》记者一行二人到佛山采访我，因为对"打工文学"不了解，他们特别就"打工文学"让我谈看法。后来，法国CECLI（烈日大学中国研究中心）艾立克先生也专程到佛山找我探讨中国的打工潮以及"打工文学"，我告诉他们：

"我一直不认同文坛对打工文学的偏见，那些关在象牙塔里自我感觉良好的评论家，说打工文学粗糙、艺术品位低，诸如此类。他们却不知道，因了知识分子骨子里浅薄的高贵，以及对底层人民的漠然，使他们正一天天地变得无知。他们根本就无法明白，打工文学缺少的不是文学性，而是血性。

"除去打工文学第一纵队"那一批作品，及至后来，目之所·及，我看到的多半是不痛不痒生搬硬套的爱情故事，那种软绵绵的东西，有点像得了佝偻病，让人读来浑身没劲。我觉得应当给打工文学补点钙，让这个年轻的文学品种少点媚气多点傲骨，健壮起来阳刚起来。

"然而，追根溯源，打工文学缺钙的根本原因不仅仅因为作品本身，更在于我们这个庞大的打工群落。几年以前，一个叫金仙珍的韩国女人就在美丽的珠海摧残过我们的尊严。在她一声喝令下，一百多个打工兄弟姐妹就争先恐后地跪下去了。当时我就想不明白，不就是一份鸟工作吗？那些人有病呀！再一想，真有病——缺钙。

"因此我早在90年代初就大声呼唤并倡导打工精神，我总是一厢情愿地希望我的打工兄弟姐妹们自尊自爱自强不息。是的，我们是一个弱势的群体，我们需要帮助和理解，但我们决不乞求。除了抱怨和骂娘，我们更应当努力拼杀，活出人的样子来。我们没有钱，没有权，但我们不能没有人格和尊严。而要避免人格和尊严被人任意伤害和践踏，我们就得努力提高求生技能，与贱视我们的一切偏见和不公平对抗。

"当我们觉悟了，当我们不再因个人命运的改观而忘了那些仍在苦难和屈辱中挣扎的兄弟姐妹，我们这个群落就会像大山一样屹立不倒，谁也不能无视我们的存在更不能贱视我们。而觉悟的引导者，即是打工文学。"

这年秋天，我将我的个人文集的稿件交给了出版商。1999年1月，由中国文联出版公司出版的一套8卷本的小说《周崇贤文集》如期上市，洋洋洒洒近两百万字，其中包括三部长篇小说、三本中篇小说集以及两本短篇小说集。所有这些都是我在流浪途中记录下的点点滴滴。

在新千年里回首，我知道我已经苦过来了。在成长的日子里，因为对文学的迷恋，我曾经放弃过若干发财的机会，然而我不后悔对文学的追求和执着，从1988年发表处女作至今，那500多万铅字，足以说明我是一个百万富翁。有书读，有人爱，能够为社会创造绵薄的价值，这就够了。我已经很知足了。

（周崇贤）